接地旁路法消弧消谐
技术及其应用

国网宁夏电力有限公司电力科学研究院　组编

吴旭涛　主编

中国电力出版社
CHINA ELECTRIC POWER PRESS

内 容 提 要

本书共分五章，介绍了中性点非有效接地系统的弧光接地和电压互感器铁磁谐振应对措施，阐述了基于单相接地故障电压、电流特征的配电网单相接地选线技术，基于接地旁路法的主动干预快速消弧消谐技术，基于近区接地旁路法的人身触电防护技术，介绍了主动干预快速消弧消谐及人身防护装置的工程应用情况。

本书可供从事配电网规划、设计、试验、检修、运行调度人员及相关管理人员阅读使用，也可作为科研单位、高等院校相关人员的参考用书。

图书在版编目（CIP）数据

接地旁路法消弧消谐技术及其应用 / 国网宁夏电力有限公司电力科学研究院组编；吴旭涛主编. —北京：中国电力出版社，2023.12

ISBN 978-7-5198-8374-4

Ⅰ.①接… Ⅱ.①国… ②吴… Ⅲ.①配电系统－小电流接地系统－故障诊断②配电系统－接地保护－故障诊断 Ⅳ.① TM72

中国国家版本馆 CIP 数据核字（2023）第 231663 号

出版发行：中国电力出版社
地　　址：北京市东城区北京站西街 19 号（邮政编码 100005）
网　　址：http://www.cepp.sgcc.com.cn
责任编辑：陈　丽（010-63412348）
责任校对：黄　蓓　朱丽芳
装帧设计：郝晓燕
责任印制：石　雷

印　　刷：三河市航远印刷有限公司
版　　次：2023 年 12 月第一版
印　　次：2023 年 12 月北京第一次印刷
开　　本：710 毫米 ×1000 毫米　16 开本
印　　张：13
字　　数：261 千字
印　　数：0001—1000 册
定　　价：78.00 元

　　中性点非有效接地系统（系统中性点不接地或谐振接地）的典型故障包括单相非金属性接地（其中危害最大的是单相弧光接地、人身触电）和电压互感器铁磁谐振。我国中性点非有效接地系统主要为 66kV 及以下电压等级配电网，由于电压较低，绝缘距离较小，比较容易发生人身触电的伤害。

　　按照 DL/T 620《交流电气装置的过电压保护和绝缘配合》规定，3～10kV 钢筋混凝土或金属杆塔的架空线路构成的系统和所有 35、66kV 系统电容电流超过 10A，3kV 和 6kV 非钢筋混凝土或非金属杆塔的架空线路构成的系统，以及 3～10kV 电缆线路构成的系统电容电流超过 30A，10kV 非钢筋混凝土或非金属杆塔的架空线路构成的系统电容电流超过 20A 时，中性点应采用消弧线圈接地方式，即采用谐振接地方式。消弧线圈的应用曾经对于解决单相弧光接地发挥了较为重要的作用，同时对于防止铁磁谐振和降低人身触电死亡率也起到了一定的作用。然而，随着我国配电网规模的急剧扩大，交联聚乙烯电缆和环氧树脂互感器等固体绝缘设备的大量应用，中性点非有效接地系统单相非金属性接地的电流特性发生了显著的变化，在解决单相弧光接地问题上，消弧线圈的效果已越来越有限。

　　基于接地旁路法的主动干预消弧技术是近年来出现的中性点不接地系统消弧新手段。主动干预消弧技术是在系统母线上安装能够分相操作的接地开关，当线路发生单相接地时，母线对应相接地开关合闸，将该相接地转化为金属性接地，避免弧光接地带来的危害。显然，接地开关动作速度越快，弧光接地带来的危害越低。然而，接地开关快速合闸的前提是故障相的准确判断，否则将会造成系统短路的严重后果。同时，为了查找并消除永久性接地故障，还需要在接地开关合闸前，快速准确判明发生单相接地的线路。主动干预消弧装置的接地开关分闸过程中，容易激发出电压互感器的铁磁谐振，而铁磁谐振又可能会造成接地开关误判误动。虽然人身触电也属于是单相非金属性接地，但是如果安装在系统母线上的主动干预消弧装置距离触电点较远，则作用在人体上的电压仍有可能超过 36V 安全电压，导致人体伤害。针对上述问题，国网宁夏电力有限公司电力科学研究院与武汉大学等单位合作开展研究，并取得了一批成果，本书就是对这些成果的归纳和总结。

本书重点阐述了基于单相接地故障电压、电流特征的配电网单相接地选线技术，基于接地旁路法的主动干预快速消弧消谐技术，基于近区接地旁路法的人身触电防护技术，介绍了主动干预快速消弧消谐及人身防护装置的工程应用情况。通过本书，期望能够为主动干预消弧技术的推广应用提供帮助，全面提升配网的安全性和可靠性。

本书的编写得到了武汉大学陈小月老师、文习山老师，国网上海电力公司电力科学研究院吴司敏，以及国网河北省电力有限公司经济技术研究院邢琳的大力支持和帮助，借此表示感谢。

限于作者水平，书中不妥和错误之处在所难免，恳请专家、同行和读者给予批评指正。

作者

2023年10月

第一章

概　　述

第一节　电力系统中性点接地方式

三相交流电力系统中性点与大地之间的电气连接方式称为电网中性点接地方式。中性点接地方式涉及电网的安全可靠性、经济性；同时直接影响系统设备绝缘水平的选择、过电压水平及继电保护方式、通信干扰等。而三相交流电力系统中性点实际上是指变电站中变压器绕组采用星形联结的中性点。因此，在变电站的规划设计时选择变压器中性点接地方式中应进行具体分析、全面考虑。它不仅涉及电网本身的安全可靠性、变压器过电压绝缘水平的选择，而且对通信干扰、人身安全有重要影响。

我国电力系统常用的电力系统中性点接地方式有中性点直接接地、中性点经消弧线圈接地（谐振接地）、中性点经电阻接地、中性点不接地四种。其中，中性点经电阻接地，按接地电流大小，又分为高阻接地和低阻接地。中性点直接接地或经一低阻接地的系统，称为中性点有效接地系统；中性点不接地、经高阻接地或经消弧线圈接地，称为中性点非有效接地系统。

一、中性点不接地系统

中性点不接地系统中，中性点对地绝缘，系统发生单相接地故障后不形成单相短路回路，不会影响三相线电压的对称性，三相设备能正常工作，系统可以继续运行。

中性点不接地的电力系统正常运行时的电路和相量图如图 1-1 所示。各相导线之间、导线与大地之间都有分布电容，为了便于分析，假设三相电力系统的电压和线路参数都是对称的，把每相导线的对地电容用集中电容 C 表示，并忽略导线间的分布电容。

电力系统正常运行时，由于三相电压 $\dot{U}_A$、$\dot{U}_B$、$\dot{U}_C$ 是对称的，三相导线对地

电容电流 $\dot{I}_{CA}$、$\dot{I}_{CB}$、$\dot{I}_{CC}$ 也是对称的，其有效值为 $I_{C0}=\omega CU_\phi$（U_ϕ 为各相相电压有效值），所以三相电容电流相量之和等于零，地中没有电容电流。此时，各相对地电压等于各相的相电压，电源中性点对地电压 $\dot{U}_N$ 等于零。

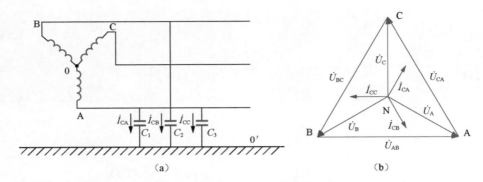

（a）

（b）

图 1-1   中性点不接地的电力系统正常运行时的等值电路和相量图
（a）等值电路图；（b）相量图

当电力系统如果发生单相（如 A 相）接地故障时，如图 1-2（a）所示，则故障相（A 相）对地电压降为零，中性点对地电压 $\dot{U}_N=-\dot{U}_A$，即中性点对地电压由原来的零升高为相电压，此时非故障相（B、C 两相）对地电压分别为

$$\begin{cases} \dot{U}'_B = \dot{U}_B + \dot{U}_N = \dot{U}_B - \dot{U}_A = \dot{U}_{BA} \\ \dot{U}'_C = \dot{U}_C + \dot{U}_N = \dot{U}_C - \dot{U}_A = \dot{U}_{CA} \end{cases} \qquad (1\text{-}1)$$

式（1-1）说明，此时 B 相和 C 相对地电压升高为原来的 $\sqrt{3}$ 倍，即变为线电压，如图 1-2（b）所示。但此时三相之间的线电压仍然对称，因此用户的三相用

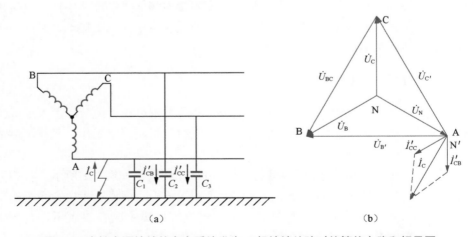

（a）

（b）

图 1-2   中性点不接地的电力系统发生 A 相接地故障时的等值电路和相量图
（a）等值电路图；（b）相量图

电设备仍能照常运行，这是中性点不接地电力系统的最大优点。

但是，发生单相接地故障后，其运行时间不能太长，以免在另一相又发生接地故障时形成两相接地短路。因此，我国有关规程规定，中性点不接地的电力系统发生单相接地故障后，允许继续运行的时间不能超过 2h，在此时间内应设法尽快查出故障，予以排除；否则，就应将故障线路停电检修。

当 A 相接地时，流过接地点的故障电流（电容电流）为 B、C 两相的对地电容电流 $\dot{I}'_{CB}$、$\dot{I}'_{CC}$ 之和，但方向相反，即

$$\dot{I}_C = -(\dot{I}'_{CB} + \dot{I}'_{CC}) \tag{1-2}$$

从图 1-2（b）所示相量图可知，由 $\dot{U}'_B$ 和 $\dot{U}'_C$ 产生的 $\dot{I}_{CB}$ 和 $\dot{I}_{CC}$ 分别超前它们 90°，大小为正常运行时各相对地电容电流的 $\sqrt{3}$ 倍，而 $I_C = \sqrt{3}I'_{CB}$，因此短路点的接地电流有效值为

$$I_C = \sqrt{3}I'_{CB} = \sqrt{3}\frac{U'_B}{X_C} = \sqrt{3}\frac{\sqrt{3}U_B}{X_C} = 3I_{C0} \tag{1-3}$$

即单相接地故障时的非故障相电容电流为正常情况下每相对地电容电流的 3 倍，且超前于故障相电压 90°。

由于线路对地电容 C 很难准确确定，因此计算单相接地电容电流的经验公式通常为

$$I_C = \frac{(l_{oh} + 35l_{cab})U_N}{350} \tag{1-4}$$

式中：U_N 为电网的额定线电压，kV；l_{oh} 为同级电网中具有电气联系的架空线路总长度，km；l_{cab} 为同级电网中具有电气联系的电缆线路总长度，km。

必须指出，中性点不接地系统发生单相接地故障时，接地电流将在接地点产生稳定的或间歇性的电弧。当系统容量较小，电容电流不大的情况下，在接地电流过零值时电弧将自行熄灭；当接地电流大于 30A 时，将形成稳定电弧，成为持续性电弧接地，这将烧毁电气设备并可引起多相短路；当接地电流大于 5A 而小于 30A 时，则有可能形成间歇性电弧，这是由于电网中电感和电容形成了谐振回路所致。间歇性电弧容易引起弧光接地过电压，其幅值可达（2.5～3）U_ϕ，将危及整个电网的绝缘安全。

因此，中性点不接地系统仅适用于单相接地电容电流不大的小电网。目前，我国规定中性点不接地系统的使用范围为流单相接地电不大于 30A 的 3～10kV 电网和单相接地电流不大于 10A 的 35～60kV 电网。

二、中性点谐振接地系统

随着电网的发展，系统容量增大，单相接地电容电流也逐渐增大。当系统采用中性点不接地的接地方式时，虽然具有在发生单相接地故障时仍可在短时间内

继续供电的优点，但单相接地故障电流较大，容易产生间歇性电弧而引起弧光接地过电压，甚至发展成多相短路，扩大事故。为了克服这一缺点，出现了系统经消弧线圈接地的接地方式。

消弧线圈实际上是一个铁芯可调的电感线圈，安装在变压器或发电机中性点与大地之间，如图 1-3 所示。正常运行时，由于三相对称，中性点对地电压 $\dot{U}_N=0$，消弧线圈中没有电流流过。当发生 A 相接地故障时，如图 1-3（a）所示，中性点对地电压 $\dot{U}_N=-\dot{U}_A$，即升高为电源相电压，消弧线圈中将有电感电流 $\dot{I}_L$（滞后于 $\dot{U}_A90°$）流过，其值为

$$\dot{I}_L = \frac{\dot{U}_A}{j\omega L_{ar}} \qquad (1-5)$$

式中：L_{ar} 为消弧线圈的电感。

由图 1-3（b）所示相量图可知，该电流与电容电流 $\dot{I}_C$（超前于 $\dot{U}_A90°$）方向相反，所以 $\dot{I}_L$ 和 $\dot{I}_C$ 在接地点互相补偿，使接地点的总电流减小，易于熄弧。

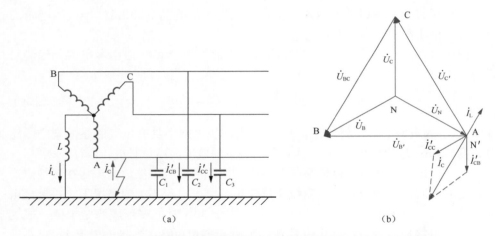

图 1-3　中性点经消弧线圈接地系统发生单相接地故障时的电路和相量图
（a）等值电路图；（b）相量图

电力系统经消弧线圈接地时，有全补偿、欠补偿和过补偿三种补偿方式。

（1）全补偿方式。当 $I_L=I_C$ 时，接地故障点的电流为零，称为全补偿方式。此时，由于感抗等于容抗，电网将发生串联谐振，产生危险的高电压和过电流，可能造成设备的绝缘损坏，影响系统的安全运行。因此，一般电网都不采用全补偿方式。

（2）欠补偿方式。当 $I_L<I_C$ 时，接地点有未被补偿的电容电流流过，称为欠补偿方式。采用欠补偿方式时，当电网运行方式改变而切除部分线路时，整个电网的对地电容电流将减少，有可能发展成为全补偿方式，从而出现上述严重后

果，所以也很少被采用。

（3）过补偿方式。当 $I_L > I_C$ 时，接地点有剩余的电感电流流过，称为过补偿方式。在过补偿方式下，即使电网运行方式改变而切除部分线路时，也不会发展成为全补偿方式，致使电网发生谐振。同时，由于消弧线圈有一定的裕度，即使今后电网发展，线路增多、对地电容增加后，原有消弧线圈仍可继续使用。因此，实际上大都采用过补偿方式。

消弧线圈的补偿程度可用补偿度（亦称调谐度）$k=I_L/I_C$ 或脱谐度 $v=1-k$ 来表示。脱谐度一般不宜超过 10%。

选择消弧线圈时，应当考虑电网的发展规划，其估算式为

$$S_{ar} = 1.35 I_C \frac{U_N}{\sqrt{3}} \qquad (1\text{-}6)$$

式中：S_{ar} 为消弧线圈的容量，$kV \cdot A$；I_C 为电网的接地电容电流，A；U_N 为电网的额定电压，kV。

需要指出，与中性点不接地的电力系统类似，中性点经消弧线圈接地的电力系统发生单相接地故障时，非故障相的对地电压升高了 $\sqrt{3}$ 倍，三相导线之间的线电压仍然平衡，电力用户可以继续运行 2h。我国有关规程规定，3 ～ 10kV 系统发生单相接地故障时的电容电流超过 30A 或 35 ～ 60kV 系统单相接地时的电容电流超过 10A 时，其系统的中性点应装设消弧线圈。

目前，常见的消弧线圈产品分为预调式和随调式两种补偿方式。预调式消弧线圈是针对感抗调节慢的自动调谐消弧线圈，在电网正常运行时，预先将消弧线圈的感抗调节到接近线路对地容抗值。随调式消弧线圈是针对感抗调节快的自动调谐消弧线圈，在电网正常运行时，将消弧线圈的感抗值调节至远离线路对地容抗值，在电网单相接地时，控制器在较短时间内调节消弧线圈的感抗值接近线路对地容抗值，从而实现补偿。

对于随调式消弧线圈，系统正常运行时处于远离谐振点的状态，当发生单相接地故障后，调节消弧线圈至对应位置。从装置判断接地到完全补偿大约需要 3 ～ 5 个周波，其响应速度比预调试速度慢。预调式消弧线圈在系统正常运行时把零序系统拉到工频谐振点附近，不容易发生高频或分频铁磁谐振，而随调式消弧线圈容易出现谐振现象。

对于预调式消弧线圈，由于电网在正常运行时接近谐振状态，中性点将出现很高电位，需要串联阻尼电阻限制中性点的高电位。

在中性点不接消弧线圈的情况下，等效电路如图 1-4 所示。中性点 O 对地电压即为

$$U_{OO'} = -U_A \frac{C_1 + \alpha^2 C_2 + \alpha C_3}{C_1 + C_2 + C_3} \qquad (1\text{-}7)$$

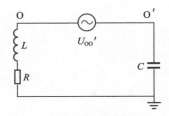

图 1-4　消弧线圈正常运行
时的零序等效电路

其中　　　　　　　　　　$1+\alpha^2+\alpha=0$

可见，如果三相对地电容完全相等，那么 $U_{oo'}=0$。但在配电网络中的线路很少换位，即三相对地电容不完全相等，中性点对地会有一个不平衡电压 $U_{oo'}$。

中性点接入消弧线圈后，由于中性点有不平衡电压 $U_{oo'}$ 的存在，它会在 C_1、C_2、C_3 及消弧线圈 L 上产生电流。$U_{oo'}$ 具有零序电压性质，消弧线圈正常运行时的零序等效电路如图 1-4 所示。

由图 1-4 得到中性点接入消弧线圈后中性点对地电压为

$$U_O = \frac{U_{oo'}}{R + j\left(L\omega - \dfrac{1}{C\omega}\right)} \times (R + jL\omega) \tag{1-8}$$

一般情况下，$\dfrac{R + jL\omega}{R + j\left(L\omega - \dfrac{1}{C\omega}\right)} > 1$，所以 $|U_O| > |U_{oo'}|$，即当中性点接入消弧线圈后，对原来中性点的不平衡电压 $U_{oo'}$ 会有放大效应。

而且预调式消弧线圈的电感量 L 是根据系统中 C 的值来设置的，最佳调节状况就是使得 $L\omega = \dfrac{1}{C\omega}$，即在图 1-4 中发生串联谐振。这时将会导致中性点电压进一步升高，使得 $|U_O| \gg |U_{oo'}|$，从而使三相对地电压发生严重不平衡，威胁到系统的长期正常运行。在此条件下，为使中性点的位移电压不大于 15% 额定电压，预调式消弧线圈在实际应用中一般需要串联一定数值的限压电阻。

三、中性点直接接地系统

随着系统容量的进一步增大，且电缆线路在城市配电网中所占比重逐渐增加，中性点经消弧线圈接地方式的局限与不足也显现出来。当电容电流过大时，一方面在一定脱谐度下补偿后的故障点残留电流仍然不能满足系统安全运行的需要；另一方面电容电流越大，消弧线圈的补偿电流就越大，需要的消弧线圈电感增大，流过消弧线圈的阻性电流分量不容忽略，也有可能引起间歇性弧光接地过电压。而且电缆线路构成的系统，绝缘属于固体绝缘，单相接地电流以电弧形式存在于电缆中，带单相接地故障运行时可能在短时间内发展成两相短路或三相短路等更严重的情况。

近年来，在我国城市配电网中，大量采用以电缆为主、架空线路为辅的供电模式，电容电流达到数百安培以上，针对这种情况，部分城市配电网采用了中性点直接接地或经低电阻接地的方式。

中性点直接接地或经低电阻接地的电力系统如图 1-5 所示。在该系统中发生单相接地故障时，将形成单相短路，用 $k^{(1)}$ 表示。此时，线路上将流过很大的单相短路电流 $I_k^{(1)}$，从而烧坏电气设备，甚至影响电力系统运行的稳定性。为保证设备安全和系统的稳定运行，通常还需要配置继电保护装置，以便与断路器共同作用，迅速地将故障部分切除。

显然，中性点直接接地的电力系统发生单相接地故障时，是不能继续运行的，所以中性点直接接地系统的供电可靠性不如小电流接地系统高。虽然，随着城市配电网系统"手拉手"、环网供电网络的日益完善，一些重要用户由两路或多路电源供电，且装设三相或单相自动重合闸装置也可尽快恢复供电，大大提高系统的供电可靠性。但我国传统的配电网多是中性点非有效接地方式，配电网由传统的非有效接地系统改造成有效接地系统的经济性较差，尤其是保护装置的改造代价非常高。

中性点直接接地的电力系统发生单相接地故障时，中性点电位仍为零，非故障相对地电压不会升高，仍为相电压，因此电气设备的绝缘水平只需按电网的相电压考虑，故可以降低工程造价。由于这一优点，我国 110kV 及以上的电力系统基本上都采用中性点直接接地的方式。

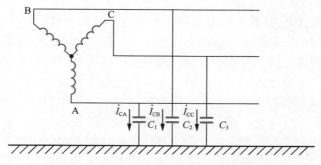

图 1-5　中性点直接接地的电力系统示意图

另外，我国的 280/220V 低压配电系统也广泛采用中性点直接接地方式，而且引出有中性线（N 线）、保护线（PE 线）或保护中性线（PEN 线）。中性线的作用为：①接额定电压为相电压的单相设备；②传输三相系统中的不平衡电流和单相电流；③减少负荷中性点的电位偏移。保护线的作用是保障人身安全，防止触电事故发生。通过公共 PE 线，将设备的外露可导电部分（指正常不带电而在故障时可带电且易被触及的部分，如金属外壳和构架等）连接到电源的接地点上，当系统中设备发生单相接地故障时，就形成单相短路故障，使线路上的过电流保护装置动作，迅速切除故障部分，从而防止人身触电。

第二节 配电网消弧方式

一、电流型消弧方式

1. 中性点经消弧线圈接地方式

消弧线圈在配电网中应用非常广泛，大量运行经验表明，采用谐振接地方式后供电质量有显著提高，但是随着配电网的发展，消弧线圈也暴露出诸多问题。

（1）消弧线圈无法实现全补偿。消弧线圈无法实现全补偿的原因主要有：①消弧线圈的部分调谐方式不能实现连续调节，一般只有预先制定的几个档位，这样必然导致消弧线圈补偿的电感电流与实际系统中电容电流存在一定差值；②消弧线圈只能补偿故障基波电容电流，不能补偿高频分量，而且还会引入阻性分量；③一些配电系统故障电容电流已经超过原有消弧线圈的最大补偿量，而当电容电流超过 200A 时，再增加消弧线圈的容量将使其经济性大大降低；④间歇性电弧引起的高频振荡与工频相差较大，所以消弧线圈以工频电感电流来进行补偿时，与实际系统电容电流差异较大。

（2）消弧线圈影响继电保护选择性。配电网单相接地故障电流本身就比较小，采用消弧线圈后，故障线路的电容电流可能比非故障线路还要低，导致常规基于零序电流的方法难以准确的检测出故障线路，虽然有很多新型的选线原理相继出现，但是实际运行效果均不太理想，容易造成一些健全线路停电。

（3）消弧线圈引起串联谐振。为了使单相接地故障电流尽量小，消弧线圈电抗应尽可能接近系统容抗，即运行在接近完全调谐的状态，由于中性点存在因系统三相不对称产生的不平衡电压，造成系统发生串联谐振，中性点电压升高，与单相接地故障特征类似，即出现"虚幻接地"现象。为了避免消弧线圈在正常运行或者故障消除时与系统电容发生串联谐振，必须牺牲补偿效果，将消弧线圈运行在过补偿状态；但即使这样，仍然会出现由于消弧线圈调谐不当等原因发生串联谐振，导致系统不得不切除正常运行的线路，影响供电可靠性。

2. 自动跟踪漏电流全补偿方式

自动跟踪漏电流全补偿方式不需要附加电源，属于无源电流型消弧方式，主要是针对接地残流中的有功分量，通过在单相接地故障的超前相或滞后相接入电感或者电容，调控补偿电感电流的幅值等于接地故障电流且方向相反，从而使接地故障电流趋近于零。这种方式若应用于实际配电网，首先需要安装分相操作开关和电感、电容，而且电感和电容均是在线电压运行的情况下投入系统，危险性大；另外，该方法并不能补偿故障残流中的谐波分量，并不是严格意义上的全补偿。所以自动跟踪漏电流的全补偿方法并未得到实际应用。

3. 残余电流补偿装置

瑞典在 1992 年提出残余电流补偿的概念，并成功研制出残流补偿（residual current compensation, RCC）装置，此装置与消弧线圈相配合，利用消弧线圈补偿故障电流中的大部分无功分量，残余电流补偿装置补偿接地电流中剩余的部分无功分量、所有的有功分量和谐波分量。RCC 装置基本结构如图 1-6 所示，补偿电流由 FACTS 装置生成，并利用闭环控制环节，对注入电流进行反馈调节，直至实现全补偿。

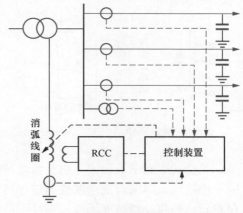

图 1-6 RCC 装置基本结构框图

RCC 装置在实际系统中已投入运行相当长的时间，取得了较大成功，但是装置是通过控制补偿后的配电网零序导纳与故障前相等来判断是否实现全补偿，若故障后系统结构发生变化，将导致补偿电流的误差较大。

4. 宽带接地故障电流补偿装置

宽带接地故障电流补偿装置的原理也是通过消弧线圈结合注入电流实现对电容电流、谐波电流的全补偿，其核心是 ERC+ 装置，基本结构如图 1-7 所示，需要先确定故障线路，然后利用 ERC+ 装置的数据流控制算法单元的输出量，从而控制 ERC+ 动力部分的逆变器提供电流数值，将该电流通过宽频脉冲调制后注入配电网中即可达到补偿故障残流的目的。

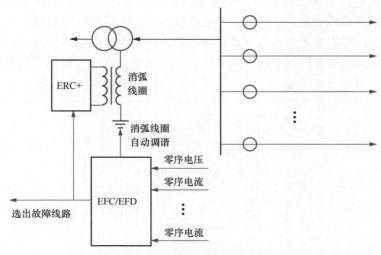

图 1-7 宽带接地故障电流补偿装置

ERC+ 装置对选线的准确性和快速性要求较高，而且为了使补偿谐波分量达到要求的精度，就必须要有较高的采样速度来测量零序电流的变化，对测量设备要求较高，实际应用较为困难。

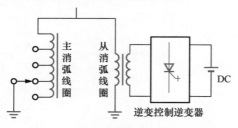

图 1-8　主从式消弧线圈结构简图

5. 主从式消弧线圈

华北电力大学提出的新型主从式消弧线圈的结构简图如图 1-8 所示。自动调谐式主消弧线圈负责补偿接地故障电流中大部分的工频电容电流，从消弧线圈并联于主消弧线圈，采用 PWM 控制的有源逆变器产生补偿电流，在从消弧线圈二次侧注入，补偿剩余的有功功率、无功功率和谐波电流。由于系统故障残流无法直接测量，装置的补偿量是利用单相接地故障的历史录波数据进行估算得到的，实际故障电流与估算值必定存在差异，导致补偿精度不高；而且主从式消弧线圈依赖于小电流选线装置，但是谐振接地系统中选线准确率均不高。

二、电压型消弧方式

1. 无源电压型消弧方式

将线路上弧光接地故障转移到电站母线上金属性接地的消弧方式是电压型消弧技术中应用相对广泛的一类，系统检测到单相接地故障后，由分相控制的开关将故障相进行人工金属性接地，故障点的接地电流被转移到电站内，恢复电压也被控制在较低值，电弧会自然熄灭并且不会重燃。

以无源电压型消弧技术为理论依据的消弧柜在冶金、炼化企业中已得到应用，装置结构简图如图 1-9 所示，其主要优点有：①消弧柜可以彻底的消除弧光接地过电压，不需要考虑系统对地电容电流大小，不受系统运行方式、线路参数的影响；②安装消弧柜的系统采用中性点不接地运行方式，避免了消弧线圈带来

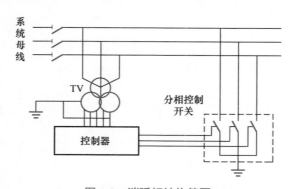

图 1-9　消弧柜结构简图

的串联谐振和选线灵敏度低等问题;③消弧柜结构简单,便于安装、调试和维护。但是,这类消弧装置需要与很准确的选相模块配合,而且目前各厂家生产的消弧柜动作时间均为 80ms 甚至 100ms 以上,在装置动作前故障很可能进一步发展,因此应用范围有所限制,需要进一步完善装置的性能。

无源电压型消弧技术中还有将弧光接地转换为电抗器接地和氧化锌电阻接地的消弧方式,即通过小电抗和氧化锌电阻来限制故障相恢复电压达到消除弧光接地故障的目的。小电抗接地消弧方式的优点是故障相通过电抗器稳定接地,达到了消除故障的目的,且没有将故障转移至电站,而且对系统的冲击较小,安全性较高;但是在故障过渡电阻很小的情况下,电抗器分流效果不明显,故障点接地电流无法被转移,这时如果系统继续带故障运行,仍然会产生间歇性弧光接地过电压,对系统绝缘造成危害。而经氧化锌电阻接地的消弧方式只能应用于系统电容电流小于 5A 的 10kV 配电网中,当故障电容电流较大时,无法起到熄弧作用;而且氧化锌电阻通流容量都有一定的限制,长时间流过故障电流很容易造成电阻被击穿而损坏,甚至引起爆炸事故,安全性差。

2. 有源电压型消弧方式

长沙理工大学曾祥君教授提出的柔性接地消弧方法,其原理是利用有源补偿装置向电网注入零序电流,从而控制中性点零序电压,使故障点恢复电压降为零或接近零,即破坏电弧重燃条件,从而达到消除故障电弧的目的,其结构简图如图 1-10 所示。

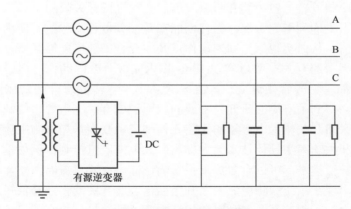

图 1-10　柔性接地消弧结构简图

柔性接地控制的消弧方式首先判断出故障相,然后进行计算得出需要注入零序电流的大小,控制逆变器生成相应大小的零序电流,强制故障点恢复电压为0,故障点电流也为 0。而且注入的零序电流幅值大小与故障过渡电阻无关,只需要利用配电网中一些固定不变的系统参数进行计算,包括中性点阻抗、电源电动势、线路对地电容,因此,可适应不同类型的接地故障。另外,将故障相电压控制一段时间，保证暂时性故障能够熄弧后，可通过调整注入电流的大小，然后测量中性点零序电压和线路零序电流的变化情况，判断接地故障是否依然存在，即是否为永久性故障，实现接地故障的动态感知。

柔性接地消弧虽然是控制恢复电压达到消弧目的，但是其本质还是对故障电流的有源补偿，该方法在故障接地过渡电阻较大时，因为故障点电流较小，需要注入的电流较小，熄弧效果较好；但是当过渡电阻较小的情况，需要注入的电流很大，可能存在难以实现对故障相恢复电压的控制，造成熄弧困难。

第三节 故障相快速接地方式

传统断路器均存在触头动作时间长的缺点，合闸和分闸时间均在 50ms 左右，大大限制了消弧柜的响应时间。现阶段的快速开断技术主要有两种形式：基于电力电子器件的固态开关和基于电磁斥力机构的接地旁路开关。

固态开关利用的是电力电子开关的速动性，开始多用于低电压等级系统，但是随着大功率电力电子器件的发展，固态开关的容量和电压等级也逐步提高。电子式固态开关由纯电力电子器件构成，具有毫秒级的切换速度而且无声响、无弧光，但是合闸状态电流经电力电子开关导通，开关上有一定的压降，会造成较大的发热损耗。还有一种混合式固态开关，通过将电力电子开关器件与传统机械开关并联，由电力电子开关完成动态切换，而机械开关承担稳态导通过程，这样可以避免采用冷却设备，但是其开断速度仍然会被机械开关限制。

电磁斥力机构利用的是涡流原理，能在几十到数百微秒的时间内使操动机构推力达到峰值，从而实现触头高速动作，开关分合闸速度能够显著提高，基于电磁斥力的接地旁路开关一般可实现 10ms 以内完成分合闸动作。电磁斥力接地旁路开关结构简单、分合闸速度快，且与大功率半导体固态开关相比通态损耗较小，在近年来得到了广泛的研究，主要的应用领域有：①电力系统故障限流，例如利用接地旁路开关作为电容器的短路元件制成串联谐振型故障限流器，其经济性相比超导和大功率半导体技术大大提高；②电能质量控制，例如基于接地旁路开关的串联补偿技术，可以有效提高系统输送能力；③直流断路器，利用电磁斥力操动机构实现在系统故障电流未上升至稳定值前开关动作，降低短路故障电流对系统的危害；④相控开关，利用相控真空开关技术投切电容器组可以很好抑制合闸过程产生的涌流和过电压。

将接地旁路开关应用于配电网消弧领域，研究基于电压消弧理论的基于接地旁路法的消弧技术，可以大大缩短故障相金属性接地的投入时间，从而大幅度降低弧光接地过电压和接地电弧电流对系统设备和线路的损害，但是要让基于接地旁路法的接地旁路开关型的消弧装置达到良好的消弧效果，必须对相关的故障判别、故障选相以及故障选线方法进行研究，制定出合理有效的装置动作流程。

近年来，随着经济的快速发展和城市配电网的建设，配电系统的电容电流不断增大、配电网络构架主要由电缆和架空线混合组成，系统中出现了一种基于快速开关型的消弧消谐装置。例如安徽凯立科技股份有限公司的 BSTX 型消弧消谐装置、保定市中基电气科技有限公司的 ZD-WZK 型消弧消谐控制柜等，在判断单相接地故障为弧光接地时，在母线上通过一组可分相控制的真空接触器，使故障相接地，将弧光接地迅速转换为稳定的金属性接地，彻底消除弧光过电压，同时不切断供电，保证供电可靠性。这种基于快速开关型的消弧消谐装置工作原理是：当检测到有弧光接地故障时，在短时间内使故障相的接地开关闭合，将弧光接地转变成金属接地，使故障点处的电弧过零熄灭后无法达到其恢复电压而熄弧；而在故障消除后，断开母线处接地开关，使系统中性点继续运行在不接地的条件下，形成了一种新的故障相快速接地方式。

这种新型的接地方式将线路上不稳定的弧光接地转换成变电站内稳定的金属性接地，因为变电站接地电阻远小于故障点接地电阻，故障点处的电容电流很快转移到变电站母线上快速开关的接地点，从而使故障点电弧熄灭，同时抑制故障点熄弧后的恢复电压，抑制电弧重燃。大幅度抑制弧光接地过电压发展的同时，缩短了弧光接地过电压的作用时间，有效消除弧光接地过电压，并且其保护性能不随单相接地电容电流的大小而改变。

这种接地方式也不会产生中性点位移电压放大导致串联谐振问题，对系统中的其他设备没有特殊要求，对系统的运行方式和保护方式不会产生影响，不会影响系统的供电可靠性。此外，安装使用开关型消弧消谐装置，可以迅速转移故障电流，降低接地故障对人身安全的危害。

但其在应用中存在的问题在于这种新型接地方式尚处于研究和试运行阶段，其与快速开关动作后相配套的故障判别、故障选线和故障定位算法方面的研究还不够全面，还需要进一步深入研究，提高装置动作的准确性、完善其配套故障选线、快速故障切除以及故障定位功能。

第四节　电压互感器铁磁谐振及消谐措施

在中性点非有效接地系统中，威胁较大的过电压主要有雷电过电压、弧光接地过电压以及铁磁谐振过电压，对于前两类过电压，目前已有较成熟有效的措施，但对于铁磁谐振，以及系统电容电流增大后出现的低频非线性振荡，因系统运行方式的灵活多变，在单相接地、空载母线合闸等常见操作下容易激发，目前还没有非常有效的抑制措施。

开关式消弧本质上存在接地故障与消失的过程，满足铁磁谐振和低频非线性振荡发生的条件，因此可以从铁磁谐振和低频非线性振荡两个方面来研究电压互感器熔断器过流。近年来，随着配电网投入的加大，铁磁谐振和低频非线性振荡的问题得到了国内外学者和运行人员的关注，其理论分析以及仿真试验等都有了全面的研究，根据其研究成果提出的一些抑制措施也广泛使用，但是铁磁谐振过电压和低频非线性振荡仍然时有发生，频繁引发运行事故。

目前国内对电压互感器铁磁谐振消谐措施的仿真研究较多，在改变系统参数和增大系统零序阻尼这两方面发展出了一系列的消谐方法，并在实际生产中得到了应用，随着电力电子技术、自动化的发展，研究者又开发出了一系列的消谐装置，使得铁磁谐振的抑制更为智能。然而，对于铁磁谐振的试验研究，以及大电容电流背景下愈发突出的低频非线性振荡的仿真和试验研究不多。

国内对谐振机理的研究仍是基于美国萨诺夫公司的彼得森（Peterson）最初在1951年发表的研究成果，多为定性分析以及基于简化模型的仿真分析。国外对于中性点不接地系统的电压互感器谐振的研究不多，更多的是应用非线性动力学理论、分岔图、混沌理论等解析方法来分析铁磁谐振产生机理与特点。如比利时鲁汶大学的克雷嫩布鲁克（T. V. Craenenbroeck）和波兰 ABB 企业研究中心皮亚塞茨基（W.Piasecki）等学者运用分岔的数学方法来研究铁磁谐振的机理，并用仿真验证了阻尼电路的消谐作用；伊朗阿米尔卡比尔技术大学米德·拉德马内什（Hamid Radmanesh）等学者采用混沌理论对铁磁谐振的混沌状态进行了数值计算并仿真了金属氧化物非线性电阻（metal oxide varistors，MOV）对铁磁谐振消除的效果，英国电力系统公司齐亚·埃明（Zia Emin）等人运用分形和几何学分析了混沌谐振下的容量维数、信息维数和关联维数，评估了对电力系统的影响；比利时的詹森斯（N. Janssens）等人采用克拉克变换直接对三相铁磁谐振进行数值求解，阐述了各个分量下等效电路的物理意义，分析了几种稳态解下的铁磁谐振，并计算了开口三角加阻尼电阻的效果；马来西亚大学的阿布·哈利姆·阿布·巴卡尔（Ab Halim Abu Bakar）综述了电容式电压互感器条件下的铁磁谐振，多伦多大学的格劳瓦茨（M. Graovac）等学者对含有电容式互感器的系统铁磁谐振进行了详细研究，提出了一种通过改变电容式电压互感器二次侧的电压保护和滤波电路参数来快速消除铁磁谐振的策略，仿真表明可以在两个周期内快速消除谐振；西北电网有限公司研究员李云阁对基频铁磁谐振进行解析计算，从电路零序参数角度确定谐振发生的判据；加拿大约克大学的阿夫辛·雷扎伊-扎雷（Afshin Rezaei-zare）应用 Preisach-Type 磁滞模型对铁磁谐振进行了分析计算，与交流暂态软件-电磁暂态软件（the Alternative transients program-electromagnetic transient progrom，ATP-EMTP）的一种单值非线性电感模型和两种磁滞模型进行计算并与实际结果比较，表明基于 Preisach-Type 磁滞模型仿真更准确；仿真比较两种单值多项式铁芯模型和基于 Preisach-Type 理论的四种不同参数磁滞模型对铁磁谐振的影响，表明磁滞模型参数需通过精确测量。

综上所述，目前对配网铁磁谐振与低频非线性振荡的研究多为仿真分析，通过高电压模拟试验进行验证的较少，至于接地旁路法消弧装置下电压互感器铁磁谐振抑制措施的研究更少，因此很有必要进行仿真和试验研究。

第二章

配电网单相接地选线技术

第一节　单相接地故障特征分析

一、单相接地故障电压特征

电压互感器中性点不接地的配电系统，在发生单相接地故障后，中性点会发生偏移，三相电压均会发生变化。如图 2-1 所示，当 C 相发生单相接地故障，假设故障过渡电阻为 R_f，$\dot{U}_A$、$\dot{U}_B$、$\dot{U}_C$ 为正常运行时系统三相电压，忽略线路阻抗和三相对地电容的差异，各相对地电容均为 C_0。

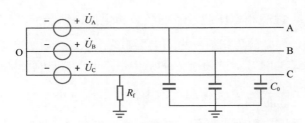

图 2-1　中性点不接地系统单相接地故障

发生单相接地故障后中性点电压 $\dot{U}'_0$ 可表示为

$$\dot{U}'_0 = -\dot{U}_C / (1 + j3\omega C_0 R_f) \tag{2-1}$$

中性点电压不再为零，反映到电压互感器二次侧开口三角形电压也不再为零。故障 C 相对地电压为

$$\dot{U}'_C = (j3\omega C_0 R_f)\dot{U}_C / (1 + j3\omega C_0 R_f) \tag{2-2}$$

由式（2-1）和式（2-2）可知，相量 $\dot{U}'_0$、$\dot{U}_C$、$\dot{U}'_C$ 构成直角三角形，电压相量关系如图 2-2 所示。中性点 O' 的运动轨迹为以 $|\dot{U}_C|$ 为直径的半圆，中性点电压 $\dot{U}'_0$ 与 R_f 有关。当过渡电阻 R_f 较小，中性点 O' 位于图 2-2（a）所示位置时，

$\left|\dot{U}_0'\right| > \frac{1}{2}\left|\dot{U}_C\right|$，且$\left|\dot{U}_C'\right| < \left|\dot{U}_A'\right| < \left|\dot{U}_B'\right|$，即故障相电压最小，故障相前一相电压最大；而且当故障接近金属性接地时，故障相电压接近零，非故障相电压接近线电压。

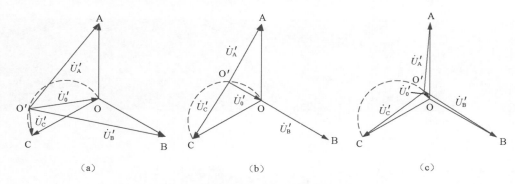

图 2-2　单相接地故障时电压相量关系
（a）过渡电阻 R_f 较小；（b）过渡电阻 R_f 增大；（c）过渡电阻 R_f 继续增大

当过渡电阻 R_f 增大到中性点 O′ 位于图 2-2（b）所示位置时，$\left|\dot{U}_0'\right| = \frac{1}{2}\left|\dot{U}_C\right|$，且 $\left|\dot{U}_C'\right| = \left|\dot{U}_A'\right| < \left|\dot{U}_B'\right|$，故障相电压不再是最低的，但是故障相前一相电压仍保持最大；

当过渡电阻 R_f 继续增大到中性点 O′ 位于图 2-2（c）所示位置时，$\left|\dot{U}_0'\right| < \frac{1}{2}\left|\dot{U}_C\right|$，且 $\left|\dot{U}_B'\right| > \left|\dot{U}_C'\right| > \left|\dot{U}_A'\right|$，故障相电压超过了非故障相电压，即当 R_f 较大时故障相电压将不再是最低的，但是故障相前一相的电压始终最大。

另外，根据式（2-1），单相接地故障后中性点电压与 $j3\omega C_0 R_f$，即 R_f/X 值相关，其中线路电抗 $X = \dfrac{1}{3\omega C_0}$，$R_f/X$ 值越大，中性点电压越小。也就是说，中性点电压升高并不只与故障电阻大小有关，与系统容抗也有关，系统容抗主要是线路对地电容，而架空线路和电缆线路对地电容相差很大。若系统中只有架空线路，对地电容很小，线路电抗较大，可能达到数千欧姆，那么过渡电阻也需要达到数千欧姆才会使故障电压 $\dot{U}_C'$ 上升到与非故障相电压 $\dot{U}_A'$ 幅值相等；若系统中有电缆线路，对地电容较大，线路电抗可能只有几百欧姆，那么几百欧姆的过渡电阻就会使中性点位移到图 2-2（b）所示的位置。

二、单相接地故障电流特征

在中性点不接地系统中，假定有三条长度不等的线路 1 ～ 3，如图 2-3 所示，线路 3 的 C 相发生单相金属性接地故障，系统内电容电流分布标示在图中。

非故障线路 1 的基波零序电流为

$$3\dot{I}_{01} = \dot{I}_{C_{A1}} + \dot{I}_{C_{B1}} + \dot{I}_{C_{C1}} = \mathrm{j}3\dot{U}_0\omega C_{01} \qquad (2\text{-}3)$$

式中：$\dot{I}_{01}$ 为线路 1 的基波零序电流；$\dot{I}_{C_{A1}}$ 为线路 1 的 A 相对地电流；$\dot{I}_{C_{B1}}$ 为线路 1 的 B 相对地电流；$\dot{I}_{C_{C1}}$ 为线路 1 的 C 相对地电流；$\dot{U}_0$ 为电网零序电压；C_{01} 为线路 1 相对地电容，系统三相对地电容相等，忽略三相对地电导。线路 1 的零序电流 $3\dot{I}_{01}$ 的大小等于该线路三相对地电容电流的向量和，方向从母线流向线路。

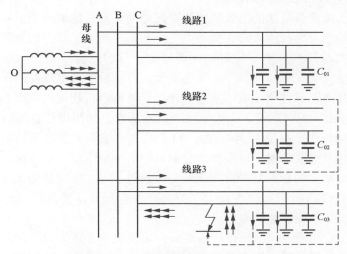

图 2-3 单相接地故障电容电流分布

同理，非故障线路 2 的基波零序电流为：$3\dot{I}_{02}=\mathrm{j}3\dot{U}_0\omega C_{02}$，方向从母线流向线路。对于故障线路 3，首端基波零序电流为

$$3\dot{I}_{03} = -\mathrm{j}3\dot{U}_0\omega(C_{01}+C_{02}) = -3(\dot{I}_{01}+\dot{I}_{02}) \qquad (2\text{-}4)$$

式中：C_{02} 为线路 2 相对地电容。

即故障线路首端零序电流等于所有非故障线路零序电流的向量和，方向由线路流向母线。

流过接地故障点的电流 $\dot{I}_{\mathrm{f}}$ 为

$$\dot{I}_{\mathrm{f}} = -\mathrm{j}3\dot{U}_0\omega(C_{01}+C_{02}+C_{03}) \qquad (2\text{-}5)$$

另外由式（2-5）可知流过故障点的电流与线路对地电容直接相关，配电网中大量使用电缆线路时，线路对地电容将大幅度增加。

第二节 配电网单相接地选线技术实现方案及流程

基于接地旁路法的消弧技术是基于电压型消弧原理，在配电网发生单相接地故障时利用基于接地旁路法的消弧装置迅速转移故障，实现弧光接地故障的消除。在消弧装置动作前，要先确定系统发生的是否为单相接地故障以及发生故障的相别，而消弧装置动作后还要确定发生故障的线路，所以配电网故障判别、选相、选线方案以及与消弧装置动作相配合的方案及流程均需要进行合理的设计。

一、故障类型判别方案及流程

（一）单相接地故障判别方案

利用基于接地旁路法的消弧装置消除配电网弧光接地故障的前提是将单相接地故障从可能出现的其他故障和扰动中区分开来，而为了提高装置消弧速度，必须尽可能缩短故障判别所需的时间。根据上一章的分析，当发生单相接地故障时，系统中性点会发生偏移，产生零序电压，直接反映到电压互感器二次侧开口三角形电压升高，即可通过电压互感器开口三角形电压超过阈值来判断发生接地故障。对于 10kV 配电系统，一般电压互感器开口三角形电压标准值会设定在中性点电压达到相电压时显示为 100V，为了躲过系统不平衡电压的影响，电压互感器开口三角形电压的阈值可根据实际配电网的情况设定，经调研，一般可设置判定单相接地故障的标准是开口三角形电压超过 15V，即阈值为 15V，对应的中性点电压为 0.87kV，只要中性点电压升高，使电压互感器开口三角形电压值越限，即系统发生单相接地故障。

利用电压互感器开口三角形电压越限判定发生单相接地故障的方法省去了特征量的提取和计算过程，提高故障判别的速动性，但是该方法忽略了电压互感器铁磁谐振和电压互感器断线故障对电压互感器开口三角形电压信号的影响，下面分析基于接地旁路法的消弧装置对于电压互感器铁磁谐振和电压互感器断线故障的处理方案及其对装置可靠性的影响。

（二）高阻接地故障识别方法

由于受环境因素影响，配电网中的架空线路时常会发生一些过渡电阻较大的接地故障，例如线路对附近的树枝、竹子放电，鸟类误接触，断线导致线路接触地面或者树木等情况，此时三相电压变化不明显，可能电压互感器开口三角两端电压并不会越限，系统无法据此来判断出接地故障。虽然高阻接地故障时系统电压、电流不会有明显影响，但是它对系统的危害仍然存在，其一，城市配电网很有可能出现架空线路、电缆线路和混联线路同时存在的情况，若架空线路上发生高阻接地故障，系统无法检测，故障长时间存在，故障电流会对故障点造成持续性的破坏；其二，若在故障过程中有人接近故障点，就会有接触高电压的危险，威胁人身安全；其三，若是电弧性的高阻故障，还有可能在故障点引发火灾。所以，针对高阻接地故障需要有专门的检测方法，不能让其长时间存在，威胁系统和人身财产安全。

根据中性点不接地系统单相接地故障电压变化特征，系统对地容抗 X 越小，通过电压互感器开口三角形电压能够判别的故障过渡电阻最大值越小。对于电缆线路较多的城市配电网，容抗较小，可能较小的过渡电阻，例如 500Ω，故障后电压互感器开口三角形电压小于阈值，对于系统来说已经是高阻接地了，系统就无法通过电压互感器信号快速判别故障的发生。

安装基于接地旁路法的消弧装置的系统如果需要判别高阻接地故障，必须与系统内其他的测量和保护装置配合。通常情况下，系统测量的零序电流信号一般用于配电网故障选线和定位，但是，若适当改变数据处理的方案，同样可用于高阻故障的判别，与基于接地旁路法的消弧装置配合完成高阻故障的处理。

正常运行情况下，各条线路上的零序电流仅是负荷和线路不平衡产生的，幅值一般不会很大，而且即使负荷波动导致线路零序电流变化，也只是负荷变化的线路上零序电流出现变化，其他线路上不会有较大影响。但是当线路某一点发生单相接地故障时，各条线路首端的零序电流必然都会有一个突变，特别是故障线路首端的零序电流，会由系统不平衡电流突变为所有健全线路对地电容电流之和。根据这一特征，可制定中性点不接地系统高阻接地故障判别方案如下：对于各条馈线和各条分支线路均安装了零序电流检测装置的配电网络，站内控制器时刻监测各条线路首端的零序电流信号，若某一时刻所有线路首端检测到的零序电流均发生突变，即可判定系统发生单相接地故障。由于该方法需要对各条线路上零序电流信号进行综合分析处理，且有的分支线路距离较远，还需要考虑通信时间，因此判别的时间相对电压互感器开口三角形电压越限的时间较长，不适合用于小电阻接地故障的判别，但是对于高阻接地故障的判别还是非常有效的，可应用于基于接地旁路法的消弧技术中与电压互感器开口三角形电压信号判断共同组成故障判别模块。

（三）故障类型判别流程

基于对配电网中各种故障类型的理论分析基础，根据单相接地故障判别方案，制定基于接地旁路法的消弧装置中故障判别子程序流程图如图 2-4 所示。

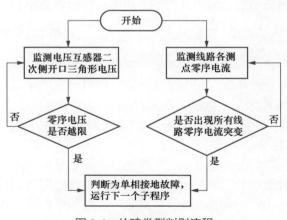

图 2-4　故障类型判别流程

系统实时监测电压互感器二次侧开口三角形电压以及各馈线和分支线路首端零序电流，对开口三角形电压设定一个阈值，只要其上电压升高超过阈值即判断系统发生单相接地故障；电压升高不超过阈值就继续监测。在电压互感器开口三角形电压未越限，但是出现线路首端零序电流突变时，首先发出零序电流突变信号，然后再综合分析系统各条馈线和分支线路的零序电流信号是否在同一时刻均发生突变，若是，则判断为单相接地故障，且故障过渡电阻较大；若仅有个别线路上零序电流突变，则认为是系统负荷不平衡等其他原因导致的零序电流突变，系统仅发出信号，继续恢复监测状态。

二、故障选相方案及流程

（一）故障选相方案

在配电网中，主要利用单相接地故障后三相电压的变化来进行故障相的识别，由于不同的故障过渡电阻对应的三相电压大小关系不同，因此，需要根据不同故障情况制定不同的故障选相方案。

1. 金属性接地故障

根据对单相接地故障电压特征的分析可知，中性点不接地系统发生单相金属性接地故障时，故障相电压接近 0，非故障相电压接近线电压，据此可判断电压接近 0 的相为故障相。以 10kV 配电系统为例，设定三相电压阈值为：某一相电压小于 1kV，另外两相电压大于 9kV，则认为发生单相金属性接地故障，判断电压小于 1kV 的一相为故障相。因为金属性故障发生时三相电压变化明显，若需要提高故障选相速度，可以利用暂态过程电压信号进行判断，缩短选相时间。

2. 小电阻接地故障

将故障相电压升高到与某一非故障相电压幅值相等时定义为小电阻接地故障的临界情况，即图 2-2（b）所示情况。当发生小电阻接地故障时，故障相电压是三相电压中幅值最小的，据此可判断三相电压中幅值最小的一相为故障相。根据图 2-2（b），$\left|\dot{U}_0'\right|=\frac{1}{2}\left|\dot{U}_C\right|$，且 $\left|\dot{U}_C'\right|=\left|\dot{U}_A'\right|=\frac{\sqrt{3}}{2}\left|\dot{U}_C\right|$，对于 10kV 配电系统，在小电阻接地故障的临界情况，故障相和其后一相电压均为 5kV，故障相前一相电压为 8.66kV，考虑实际系统存在三相不平衡的情况，可设定三相电压阈值为：某一相电压小于 4kV，且其前一相电压大于 8kV 时，则判断电压小于 4kV 的一相为故障相。

3. 大电阻接地故障

当接地过渡电阻较大，超过小电阻接地故障的临界值时，故障相电压将不再是三相电压中幅值最小的，但是故障相前一相在过渡电阻变化过程中一直是三相电压幅值最大的一相，如图 2-2 所示。据此，可判别幅值最大相的后一相为故障相。对于 10kV 配电系统，与小电阻接地故障情况相对应，可设定当三相电压均大于 4kV 时，首先比较选出电压幅值最大的一相，然后判断其后一相为故障相。

对于电压互感器开口三角未越限的高阻接地故障，也属于大电阻接地故障的范围，但是此时三相电压间差值均较小，若仅依靠三相电压的大小来判断故障相则很容易造成误判，需要结合零序电流的方向来综合判断，以提高准确性，该方法将结合仿真结果详细叙述。

（二）故障选相流程

在对中性点不接地系统三相电压分析的基础上，根据三相电压的大小关系，制定基于接地旁路法的消弧装置中故障选相子程序流程图（见图 2-5）。

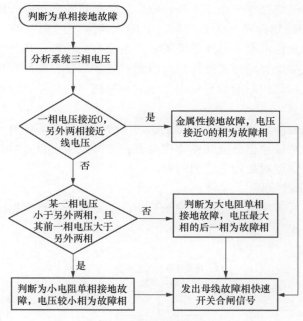

图 2-5　故障选相流程

单相接地故障选相依据为故障后母线三相电压，若有一相电压接近 0，另外两相电压接近线电压，则说明故障过渡电阻很小，接近金属性接地故障，则可直接判断电压接近 0 的相为故障相；而且这种情况下，三相电压的大小在暂态过程中就非常明显，若需要缩短故障选相时间可直接利用三相电压暂态值进行判断。否则再判断是否某一相电压小于另外两相，且其前一相电压大于另外两相，若该条件成立则为小电阻接地故障，判断电压最小相为故障相；否则为大电阻接地故障，判断电压最大相的后一相为故障相。选择出故障相别后由控制器向该相的母线的接地旁路开关发出合闸信号。

在具体的配电系统中，可根据系统电压等级分析小电阻接地故障的临界情况时三相电压幅值，然后利用三相电压大小设定准确的判据。

三、故障选线方案及流程

（一）故障选线方案

对于采用基于接地旁路法的消弧装置的配电网，在接地旁路开关动作合闸将线路上故障转移到电站内后，会根据发生故障的线路是电缆线路还是架空线路来选择不同的处理方案，因此需要完成准确的选线流程。

故障选线的主要依据是线路零序电流的变化特征，根据对单相接地故障电流特征的分析，在中性点不接地系统单相接地故障过程中，故障点所在线路首端零序电流方向与其他非故障线路零序电流方向相反，而且故障线路零序电流幅值为其他所有非故障线路零序电流之和，幅值大于所有的非故障线路零序电流。另外，母线故障相接地旁路开关合闸后，故障线路零序电流方向与开关动作前相反，幅值也稍有变化，而非故障线路的零序电流方向和幅值均保持不变。根据以上两个特征，在接地旁路开关动作后可以通过各条线路首端零序电流录波，将开关动作前的特征和动作后的特征结合完成对故障线路的判断，以提高故障选线的准确率。

若单相接地故障发生在分支线路上，对于分支线路首端装有零序电流测量装置的配电网，也可以根据分支线路零序电流在故障发生后以及接地旁路开关动作后的变化特征来实现对故障分支的判断。

（二）故障选线流程

根据对故障后零序电流特征的理论分析，制定基于接地旁路法的消弧装置中故障选线子程序流程（见图2-6）。

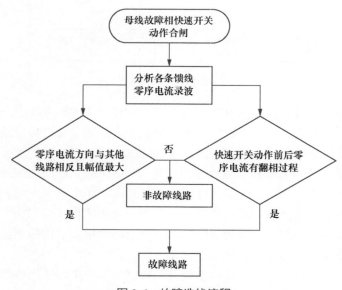

图 2-6 故障选线流程

母线故障相接地旁路开关动作合闸后，通过分析各条馈线首端的零序电流录波来判断发生故障的线路。若接地旁路开关合闸前，某一线路上零序电流与其他所有线路零序电流方向相反，且幅值大于其他线路，而且在母线接地旁路开关动作前后，其零序电流方向发生改变，则可判断该线路为故障线路；而上述两点只要一项不满足，即说明该线路为非故障线路。由于接地旁路开关的动作为故障选线增加了有力的判据，大大提高了选线的准确性，使用该方法可完成对配电网故障分支线路的选择。判断出故障线路后，再根据线路是电缆线路或架空线路来选择不同的处理方案。

第三节　配电网单相接地选线技术仿真分析

　　根据单相接地故障时系统的电压和电流变化特征制定基于接地旁路法的消弧技术的方案和流程，本章利用电磁暂态分析程序 EMTP/ATP 建立采用中性点不接地方式的简单配电系统模型，仿真分析基于接地旁路法的消弧技术的故障判别、选相和选线流程是否合理有效，并验证在配电网中利用接地旁路开关转移故障的消弧方式的可行性。

一、仿真模型及参数设置

　　配电网络大多是辐射式线路，馈线数目多，单条馈线长度较短，以简单配电网络为例说明单相接地故障仿真模型所涉及的元件及参数（见图 2-7），10kV 系统采用中性点不接地运行方式，共 5 条馈线。

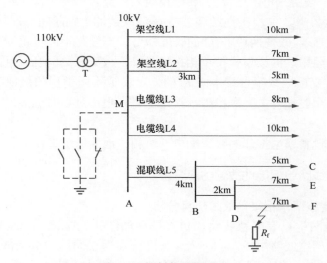

图 2-7　辐射状配电网络

注：图中各条馈线中，细线表示架空线路，粗线表示电缆线路。

在 EMTP/ATP 中建立中性点不接地系统单相接地故障仿真模型，相关元件的参数如下。

（1）电源。该变电站高压侧为 110kV 系统，采用无穷大电源等效，选用软件中的三相交流电压源模型。

（2）变压器。变压器变比 110/10.5kV，Y/△型接线，低压侧中性点不接地；额定容量为 31.5MVA，空载损耗为 31.05kW，短路损耗为 190kW，空载电流为 0.67%，短路电压为 10.5%。单相接地故障时不考虑变压器的励磁特性，采用软件中的 BCTRAN 型变压器模拟。

（3）电力线路。配电网络中有三种不同线路条件：架空线路、电缆线路、架空线和电缆混联线路，各条馈线的长度已在图 2-7 中标出，其中混联线路 L5 为多分支线路，AB 段、BC 段和 CD 段均为电缆，长度分别为 4、5、2km；DE 段和 DF 段为架空线，长度相等，均为 7km。

架空线路：导线型号为 LGJ-70/10，外径为 11.40mm，20℃直流电阻（不大于）0.4217Ω；线路杆塔采用 Z 型杆塔，呼高为 8m。

电缆线路：交联聚乙烯绝缘聚氯乙烯护套电力电缆 YJV8.7/10kV，导体标称截面积为 $3 \times 120mm^2$，绝缘厚度为 4.5mm，护套厚度为 2.8mm，电缆近似外径为 62.3mm。

电力线路采用自动计算参数的架空线路 / 电缆模型（LCC）来模拟，并选用其中的贝瑞隆（Bergeron）模型。

（4）等效负荷。配电网中一条线路的负荷大多为 1000 ～ 2000kVA，而且负荷大小对单相接地故障特征量影响较小，因此等效负荷阻抗统一设定为 $Z_L=200+j20\Omega$，采用三角形连接的 RLC 模块来模拟。

（5）接地故障。单相接地故障发生在混联线路 L5 的 DF 段，仿真时 DF 段用两段 LCC 串联，改变两段 LCC 的长度即可模拟线路不同位置发生故障。采用时控开关和电阻串联的模型模拟单相接地故障，改变开关的合闸时间可以控制故障初相角，改变接地故障过渡电阻 R_f 的值可模拟不同类型的接地故障。弧光接地故障采用多个时控开关并联模拟，接地电弧在电流过零时熄灭，在电压峰值时重燃。

根据上述设备模型搭建的典型配电网单相接地故障仿真模型如图 2-8 所示。

二、不同线路单相接地故障仿真分析

（一）架空线路单相接地故障仿真分析

假设配电网中只有架空线路，仿真模型如图 2-9 所示，10kV 配电系统由 4 条不同长度的架空线路组成，L1 ～ L4 长度分别为 5、10、15、20km。单相接地故障设置在 L4 的中部位置，线路 A 相在 0.02s 时发生单相接地故障，此时 A 相电压达到最大值。

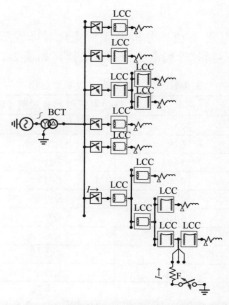

图 2-8　典型配电网单相接地故障仿真模型

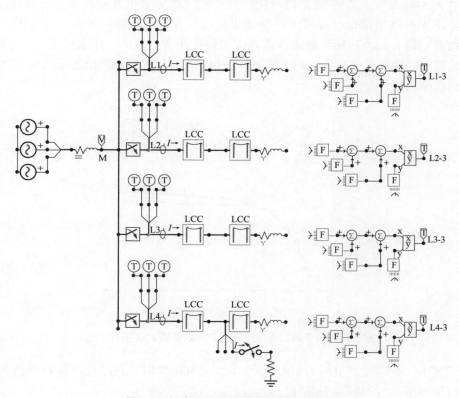

图 2-9　架空线路单相接地故障仿真模型

1. 电压变化特征

计算中改变故障电阻 R_f 值，分析 R_f/X 值变化对母线三相电压的影响。根据仿真结果得到 R_f/X 值不同时母线电压稳态有效值，如表 2-1 所示。

表 2-1 R_f/X 值不同时故障参量值

R_f/X	母线电压稳态有效值（kV）		
	A	B	C
0.01	0.09	9.93	10.02
0.5	1.32	9.02	10.30
1.0	2.36	8.03	10.25
3.0	4.45	5.57	9.00
5.0	5.10	4.98	8.07
7.0	5.37	4.90	7.52
10.0	5.55	4.98	7.06
15.0	5.77	5.12	6.67

根据表 2-1 中数据做母线电压稳态有效值随 R_f/X 变化的曲线如图 2-10 所示，随着 R_f/X 值增大，故障相 A 相电压逐渐升高，非故障相 B 相电压逐渐降低，C 相电压先升高后降低，A 相电压在 R_f/X 值接近 5.0 时升高，超过 B 相电压，故障相前一相 C 相电压始终最大，若 R_f/X 值继续增大，最终三相电压将趋于相等。由于架空线路容抗 X 较大，R_f/X 值难以达到很大，通过三相电压幅值比较容易判断出故障相。

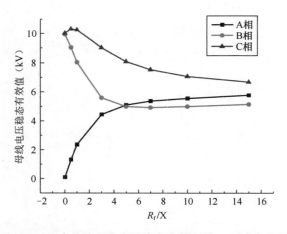

图 2-10 架空线路母线电压稳态有效值随 R_f/X 变化曲线

其中，故障过渡电阻为 10、500、1000、5000Ω 时母线三相电压和中性点电压波形如图 2-11 ～图 2-14 所示。

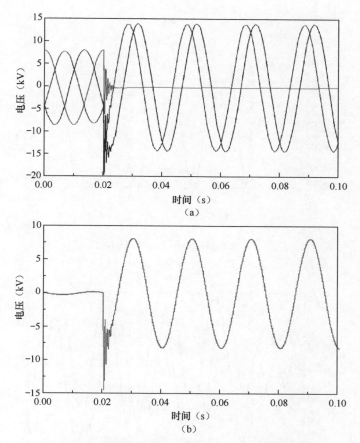

图 2-11　架空线路单相故障电阻为 10Ω 时电压波形
（a）母线三相电压波形；（b）中性点电压波形

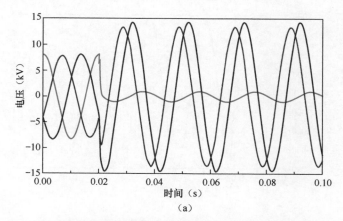

图 2-12　架空线路单相故障电阻为 500Ω 时电压波形（一）
（a）母线三相电压波形

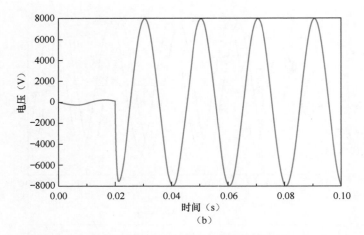

图 2-12　架空线路单相故障电阻为 500Ω 时电压波形（二）
（b）中性点电压波形

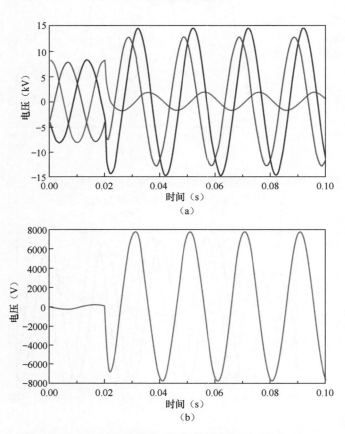

图 2-13　架空线路单相故障电阻为 1000Ω 时电压波形
（a）母线三相电压波形；（b）中性点电压波形

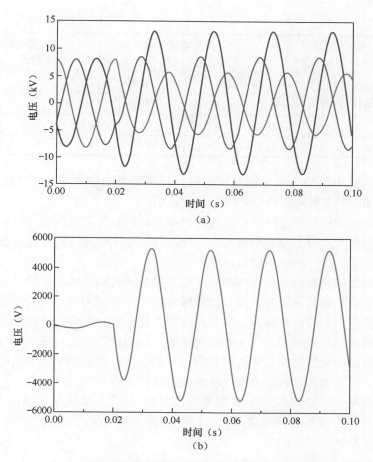

图 2-14 架空线路单相故障电阻为 5000Ω 时电压波形
（a）母线三相电压波形；（b）中性点电压波形

2. 电流变化特征

假设在架空线路 L4 的中间发生单相接地故障，根据计算结果得到单相故障电阻不同时电流的变化情况如表 2-2 所示。

表 2-2 单相故障电阻不同时电流变化情况

故障电阻（Ω）	接地电流（A）		线路首端电流（A）				线路首端零序电流（稳态有效值，A）	
	暂态幅值	稳态有效值	暂态幅值		稳态有效值		故障	非故障
			故障	非故障	故障	非故障		
10	44.4	1.3	57.2	24.1	14.6	14.4	0.25	0.13
500	12.7	1.2	34.1	20.9	14.7	14.4	0.25	0.12

故障电阻（Ω）	接地电流（A）		线路首端电流（A）				线路首端零序电流（稳态有效值，A）	
	暂态幅值	稳态有效值	暂态幅值		稳态有效值		故障	非故障
			故障	非故障	故障	非故障		
1000	7.2	1.2	28.7	20.7	14.8	14.4	0.24	0.12
5000	1.6	0.8	22.4	20.4	14.9	14.3	0.16	0.08

（1）当配电系统中只有架空线路时，系统对地电容较小，稳态接地电流较小，故障线路和非故障线路稳态电流差异较小。

（2）当故障电阻较小时，故障线路与非故障线路暂态过程差异较大，但是随着故障电阻增大，暂态接地电流减小，线路首端电流暂态过程差异逐渐缩小，当故障电阻非常大时，差异不明显。

（3）对故障线路与非故障线路零序电流的分析可知，虽然故障电阻的变化对稳态零序电流的幅值有影响，但是故障线路的零序电流方向始终与非故障线路相反，且幅值略大于非故障线路。据此可以判断发生单相接地故障的线路。

（4）随着故障电阻增大，中性点电压减小，故障相电压升高，若故障电阻继续增大，故障相电压将超过非故障相电压，但是故障相的前一相电压始终是三相中最大的。可以据此针对非金属性接地故障进行选相。

故障线路和非故障线路电流波形如图 2-15～图 2-18 所示，其中 L4 为故障线路，L1～L3 为非故障线路，以 L3 和 L4 为例对比非故障线路和故障线路的电流波形差异。

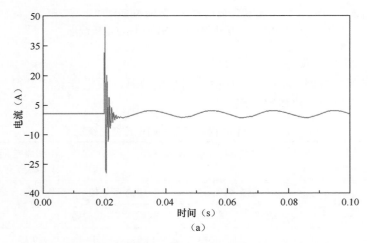

图 2-15　架空线路单相故障电阻为 10Ω 时电流波形（一）
（a）故障电流波形

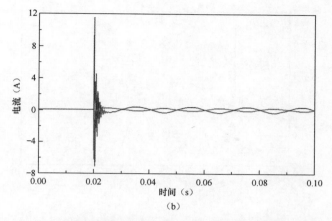

图 2-15　架空线路单相故障电阻为 10Ω 时电流波形（二）
（b）非故障线路与故障线路首端零序电流波形

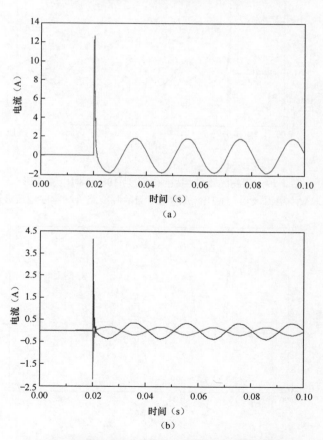

图 2-16　架空线路单相故障电阻为 500Ω 时电流波形
（a）故障电流波形；（b）非故障线路与故障线路首端零序电流波形

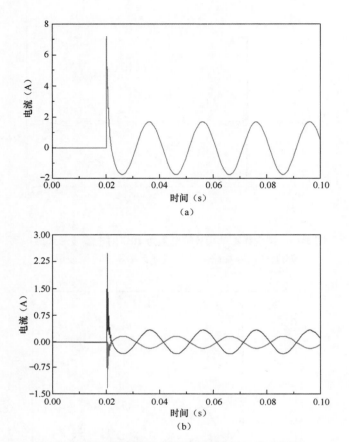

图 2-17　架空线路单相故障电阻为 1000Ω 时电流波形
（a）故障电流波形；（b）非故障线路与故障线路首端零序电流波形

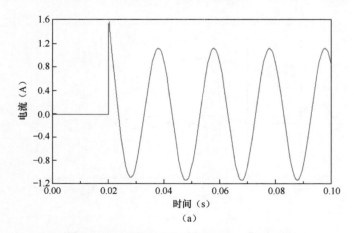

图 2-18　架空线路单相故障电阻为 5000Ω 时电流波形（一）
（a）故障电流波形

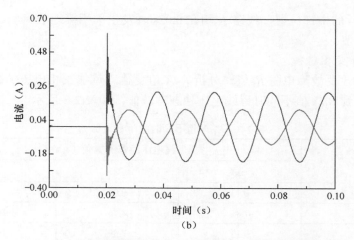

图 2-18　架空线路单相故障电阻为 5000Ω 时电流波形（二）
（b）非故障线路与故障线路首端零序电流波形

（二）电缆线路单相接地故障仿真分析

假设配电网中只有电缆线路，仿真模型如图 2-19 所示，10kV 配电网由 4 条不同长度的电缆线路组成，L1 ～ L4 长度分别为 5、10、15、20km。单相接地故

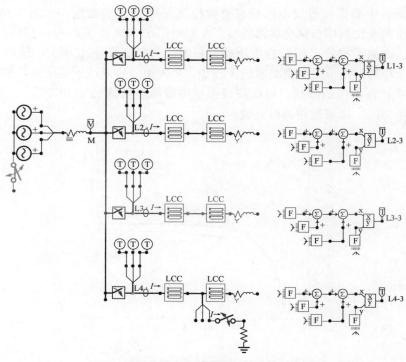

图 2-19　电缆线路单相接地故障仿真模型

障设置在 L4 的中部位置，线路 A 相在 0.02s 时发生单相接地故障，此时 A 相电压达到最大值。

1. 电压变化特征

计算中改变故障电阻 R_f 值，分析 R_f/X 值变化对母线三相电压的影响。根据仿真结果得到 R_f/X 值不同时母线电压稳态有效值，如表 2-3 所示。

表 2-3 R_f/X 值不同时故障参量值

R_f/X	母线电压稳态有效值（kV）		
	A	B	C
0.01	0.13	9.96	10.09
0.5	1.81	8.76	10.55
1.0	3.13	7.39	10.37
3.0	5.16	4.87	8.40
5.0	5.55	4.81	7.45
7.0	5.71	5.05	6.81
10.0	5.76	5.23	6.50
15.0	5.78	5.39	6.25

根据表中数据做母线电压稳态有效值随 R_f/X 变化的曲线，如图 2-20 所示，三相电压的变化规律与架空线路类似，A 相电压在 R_f/X 值接近 3.0 时升高，超过 B 相电压，故障相前一相 C 相电压始终最大，若 R_f/X 值继续增大，最终三相电压将趋于相等。由于架空线路容抗 X 较小，R_f/X 值较容易达到很大值，故障电阻较大时难以判断出故障相。例如在该系统中故障电阻达到 1150Ω 时，三相电压差别不足 20%，准确选相难以完成。

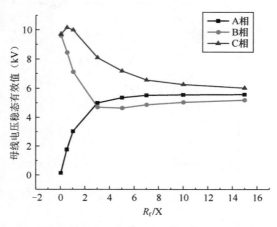

图 2-20   电缆线路母线电压稳态有效值随 R_f/X 变化曲线

其中，故障过渡电阻为 10、500、1000、5000Ω 时母线三相电压和中性点电压波形如图 2-21 ～图 2-24 所示。

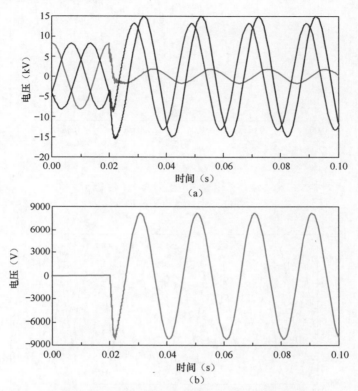

图 2-21　电缆线路单相故障电阻为 10Ω 时电压波形
（a）母线三相电压波形；（b）中性点电压波形

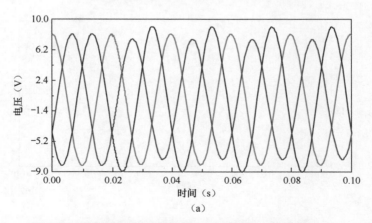

图 2-22　电缆线路单相故障电阻为 500Ω 时电压波形（一）
（a）母线三相电压波形

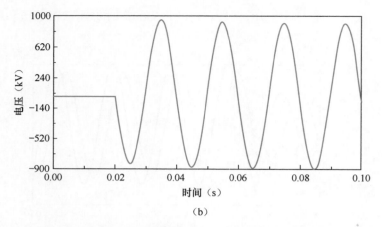

（b）

图 2-22　电缆线路单相故障电阻为 500Ω 时电压波形（二）
（b）中性点电压波形

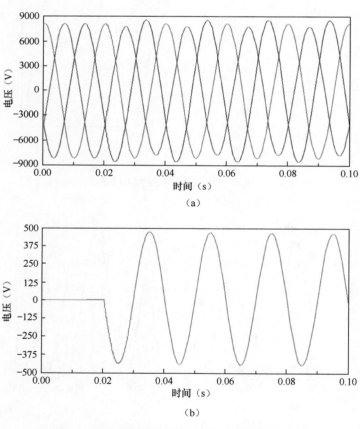

（a）

（b）

图 2-23　电缆线路单相故障电阻为 1000Ω 时电压波形
（a）母线三相电压波形；（b）中性点电压波形

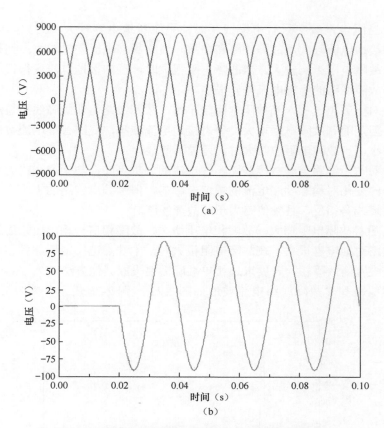

图 2-24　电缆线路单相故障电阻为 5000Ω 时电压波形
（a）母线三相电压波形；（b）中性点电压波形

2. 电流变化特征

假设在架空线路 L4 的中间发生单相接地故障，根据计算结果得到单相故障电阻不同时电流的变化情况如表 2-4 所示。

表 2-4　单相故障电阻不同时电流变化情况

故障电阻（Ω）	接地电流（A）		线路首端电流（A）				线路首端零序电流（稳态有效值，A）	
	暂态幅值	稳态有效值	暂态幅值		稳态有效值		故障线路	非故障线路
			故障线路	非故障线路	故障线路	非故障线路		
10	485.8	102.8	448.0	106.2	102.5	26.1	20.79	10.13
500	16.1	11.4	42.9	25.7	26.5	16.9	2.31	1.59
1000	8.0	5.7	30.9	24.1	21.8	16.5	1.16	0.57
5000	1.6	1.2	25.9	22.9	18.2	16.1	0.23	0.11

（1）当配电系统中只有电缆线路时，系统对地电容较大，当故障电阻较小时，稳态接地电流较大，故障线路和非故障线路稳态电流差异较大；但是稳态接地电流受故障电阻影响较大，当故障电阻很大时，稳态接地电流变得很小，故障线路与非故障线路的稳态电流差异很小。

（2）对于暂态过程，当故障电阻较小时，故障线路与非故障线路暂态过程差异较大，但是随着故障电阻增大，暂态接地电流减小，线路首端电流暂态过程差异逐渐缩小，当故障电阻非常大时，差异不明显。

（3）对故障线路与非故障线路零序电流的分析可知，与架空线路类似，虽然故障电阻的变化对稳态零序电流的幅值有影响，但是故障线路的零序电流方向始终与非故障线路相反，且幅值略大于非故障线路。

（4）随着故障电阻增大，故障相电压增大，故障相前一相电压始终最大。由于电缆线路对地电容很大，在故障电阻很大时，中性点电压很低，各相电压相差很小，较难判断故障相，若要求选相更准确需要采取其他方法。

故障线路和非故障线路电流波形如图 2-25 ～图 2-28 所示，其中 L4 为故障

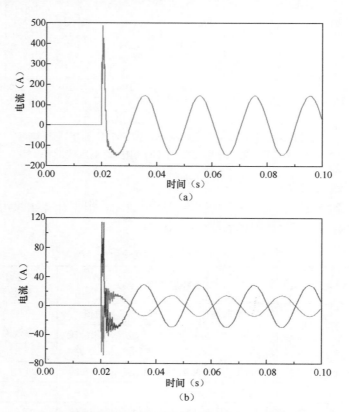

图 2-25　电缆线路单相故障电阻为 10Ω 时电流波形
（a）故障电流波形；（b）非故障线路与故障线路首端零序电流波形

线路，L1～L3 为非故障线路，以 L3 和 L4 为例对比非故障线路和故障线路的
电流波形差异。

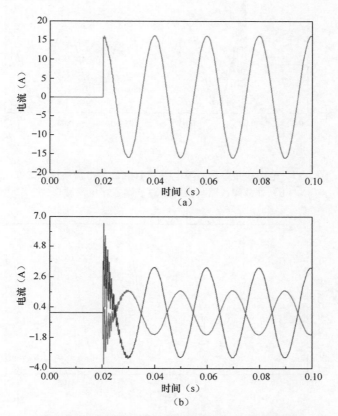

图 2-26　电缆线路单相故障电阻为 500Ω 时电流波形
（a）故障电流波形；（b）非故障线路与故障线路首端零序电流波形

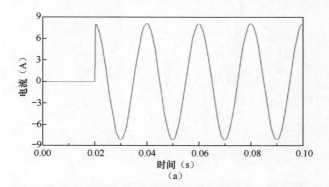

图 2-27　电缆线路单相故障电阻为 1000Ω 时电流波形（一）
（a）故障电流波形

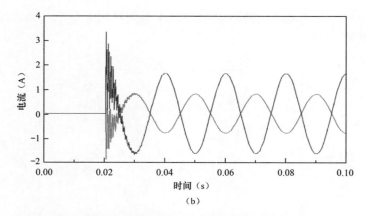

（b）

图 2-27　电缆线路单相故障电阻为 1000Ω 时电流波形（二）

（b）非故障线路与故障线路首端零序电流波形

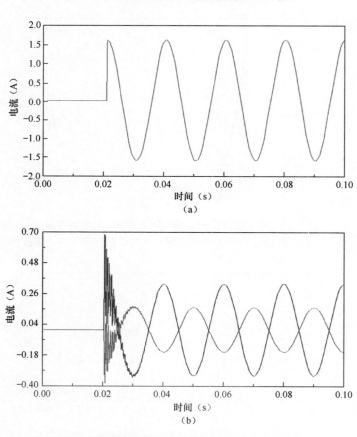

（a）

（b）

图 2-28　电缆线路单相故障电阻为 10Ω 时电流波形

（a）故障电流波形；（b）非故障线路与故障线路首端零序电流波形

另外假设故障电阻为 1000Ω，改变故障线路长度，研究故障线路长度对暂态过程的影响，当故障线路分别长 10、20、30、40km 时，故障线路首端电流波形如图 2-29 所示。

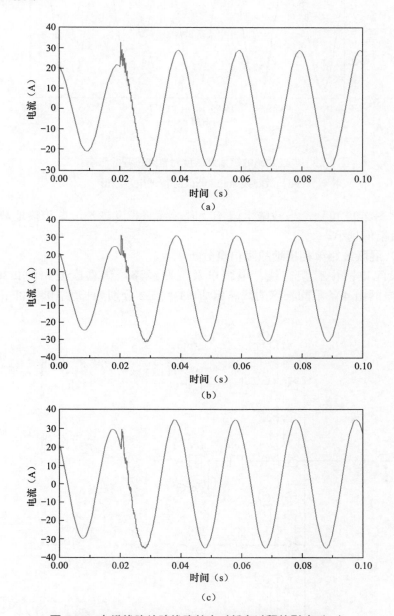

图 2-29 电缆线路故障线路长度对暂态过程的影响（一）
（a）故障线路长 10km 时首端电流波形；（b）故障线路长 20km 时首端电流波形；
（c）故障线路长 30km 时首端电流波形

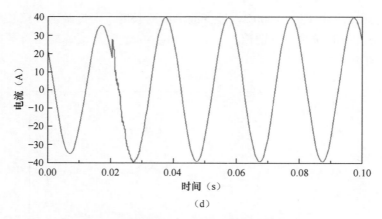

（d）

图 2-29　电缆线路故障线路长度对暂态过程的影响（二）

（d）故障线路长 40km 时首端电流波形

对比图 2-29 可知，当故障电阻不变时，线路长度越长，单相接地故障暂态过程电流幅值越小。

（三）混联线路单相接地故障仿真分析

假设配电网中有架空线、电缆以及混联线路，仿真模型如图 2-30 所示，10kV 配电网由 4 条不同长度的线路组成，L1、L2 分别为长度 10、20km 的架空

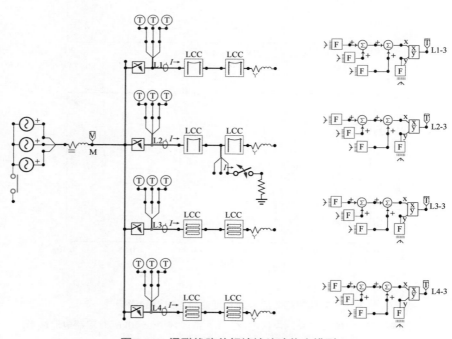

图 2-30　混联线路单相接地故障仿真模型

线路，L3 为 10km 电缆，L4 为混联线路，10km 架空线和 5km 电缆混联。单相接地故障设置在 L2 中部位置，线路 A 相在 0.02s 时发生单相接地故障，此时 A 相电压达到最大值。

1. 电压变化特征

计算中改变故障电阻 R_f 值，分析 R_f/X 值变化对母线三相电压的影响。根据仿真结果得到 R_f/X 值不同时母线电压稳态有效值，如表 2-5 所示。

表 2-5　R_f/X 值不同时故障参量值

R_f/X	母线电压稳态有效值（kV）		
	A	B	C
0.01	0.17	10.01	10.16
0.5	1.89	8.73	10.62
1.0	3.23	7.30	10.39
3.0	5.17	4.86	8.44
5.0	5.54	4.79	7.48
7.0	5.66	4.95	7.00
10.0	5.73	5.14	6.64
15.0	5.76	5.32	6.34

根据表中数据做母线电压稳态有效值随 R_f/X 变化的曲线，如图 2-31 所示，三相电压的变化规律与架空线路类似，A 相电压在 R_f/X 值接近 3.0 时升高，超过 B 相电压，故障相前一相 C 相电压始终最大，若 R_f/X 值继续增大，最终三相电压将趋于相等。由于架空线路容抗 X 较小，R_f/X 值较容易达到很大值，故障电阻较大时难以判断出故障相。例如在该系统中故障电阻达到 2200Ω 时，三相电压差别不足 20%，准确选相难以完成。

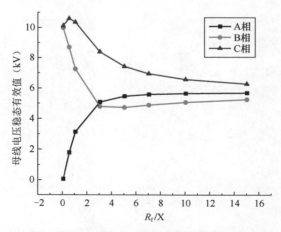

图 2-31　混联线路母线电压稳态有效值随 R_f/X 变化曲线

其中，故障过渡电阻为 10、500、1000、5000Ω 时母线三相电压和中性点电压波形如图 2-32 ～图 2-35 所示。

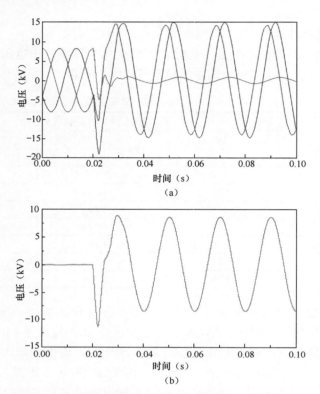

图 2-32　混联线路单相故障电阻为 10Ω 时电压波形
（a）母线三相电压波形；（b）中性点电压波形

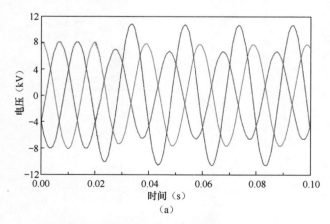

图 2-33　单相故障电阻为 500Ω 时电压波形（一）
（a）母线三相电压波形

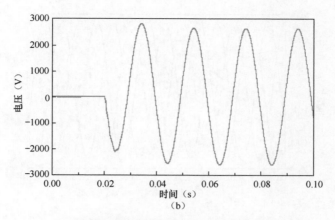

图 2-33 单相故障电阻为 500Ω 时电压波形（二）
（b）中性点电压波形

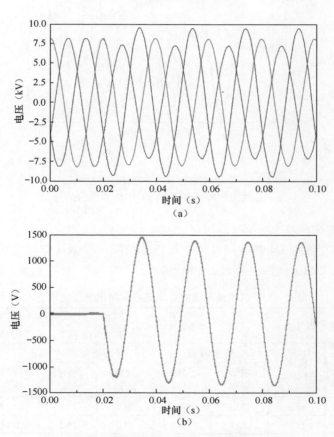

（a）

（b）

图 2-34 单相故障电阻为 1000Ω 时电压波形
（a）母线三相电压波形；（b）中性点电压波形

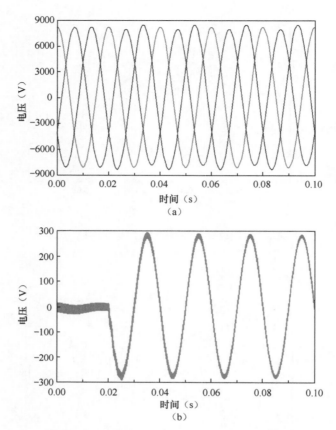

图 2-35 单相故障电阻为 5000Ω 时电压波形
（a）母线三相电压波形；（b）中性点电压波形

2. 电流变化特征

假设在架空线路 L4 的中间发生单相接地故障，根据计算结果得到单相故障电阻不同时电流的变化情况如表 2-6 所示。

表 2-6 混联线路单相故障电阻不同时电流变化情况

故障电阻（Ω）	接地电流（A）		线路首端电流（A）				线路首端零序电流（稳态有效值，A）	
	暂态幅值	稳态有效值	暂态幅值		稳态有效值		故障线路	非故障线路
			故障线路	非故障线路	故障线路	非故障线路		
10	153.4	35.4	171.1	54.7	39.1	22.7	11.63	7.61
500	17.3	10.9	38.1	24.9	24.9	16.5	3.57	2.33
1000	8.6	5.7	29.9	23.2	20.0	15.9	1.86	1.22
5000	1.6	1.1	22.7	21.7	15.5	15.3	0.38	0.25

（1）当配电系统中既有架空线路，又有电缆线路时，由于电缆线路对地电容较大，当故障电阻较小时，稳态接地电流仍较大，但是相比于系统中只有电缆线路的情况小很多，因为电缆长度较短，此时故障线路和非故障线路稳态电流差异较大；但是稳态接地电流受故障电阻影响较大，当故障电阻很大时，稳态接地电流变得很小，故障线路与非故障线路的稳态电流差异很小。

（2）对于暂态过程，当故障电阻较小时，故障线路与非故障线路暂态过程差异较大，但是随着故障电阻增大，暂态接地电流减小，线路首端电流暂态过程差异逐渐缩小，当故障电阻非常大时，差异不明显。

（3）对故障线路与非故障线路零序电流的分析可知，与架空线和电缆线路类似，虽然故障电阻的变化对稳态零序电流的幅值有影响，但是故障线路的零序电流方向始终与非故障线路相反，且幅值略大于非故障线路。

（4）随着故障电阻增大，故障相电压增大，故障相前一相电压始终最大。

故障线路和非故障线路电流波形如图 2-36～图 2-39 所示，其中 L2 为故障

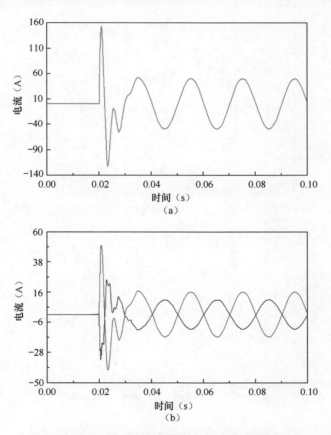

图 2-36　单相故障电阻为 10Ω 时电流波形
（a）故障电流波形；（b）非故障线路与故障线路首端零序电流波形

线路，L1、L3、L4 为非故障线路，以 L2 和 L3 为例对比非故障线路和故障线路的电流波形差异。

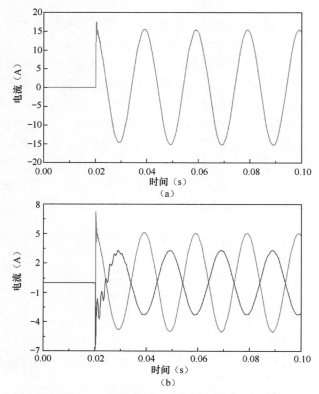

图 2-37　单相故障电阻为 500Ω 时电流波形
（a）故障电流波形；（b）非故障线路与故障线路首端零序电流波形

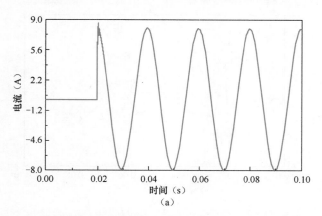

图 2-38　单相故障电阻为 1000Ω 时电流波形（一）
（a）故障电流波形

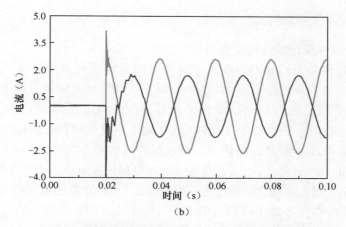

(b)

图 2-38 单相故障电阻为 1000Ω 时电流波形（二）
（b）非故障线路与故障线路首端零序电流波形

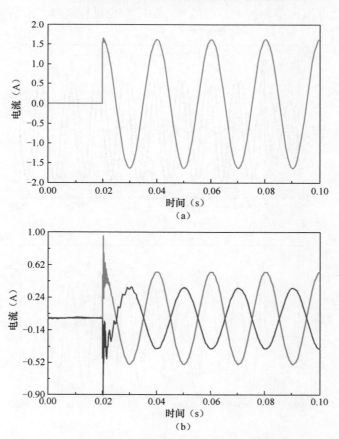

(a)

(b)

图 2-39 单相故障电阻为 5000Ω 时电流波形
（a）故障电流波形；（b）非故障线路与故障线路首端零序电流波形

三、不同类型故障特征仿真分析

（一）金属性接地故障特征分析

在接地过渡电阻较小时，理论上发生故障后中性点电压较大，所以据此来判断故障。以单相金属性接地故障为例，将金属性接地故障的过渡电阻设为5Ω，故障点设置在混联线路 L5 的 DF 段中部位置，故障发生时刻 t 为 0.023s，即 C 相电压到达波谷时。中性点不接地的 10kV 配电网发生单相金属性接地故障后系统各特征参量的波形如图 2-40 所示，特征量的值如表 2-7 所示。

从图 2-40（a）中可以看出，发生稳定金属性接地故障时，母线三相电压会经历一段明显的暂态过程，随后逐渐稳定。根据表 2-7，故障 C 相电压稳态有效值接近0，非故障的 A 相和 B 相电压稳态电压接近线电压。中性点电压的稳态有效值略低于相电压，对应的电压互感器开口三角形电压为 98.8V，明显大于阈值 15V，系统发生金属性接地故障后中性点电压升高，电压互感器开口三角形电压也同时升高并超过阈值，随即发出单相接地故障信号，故障判别过程简单，所需时间非常短。

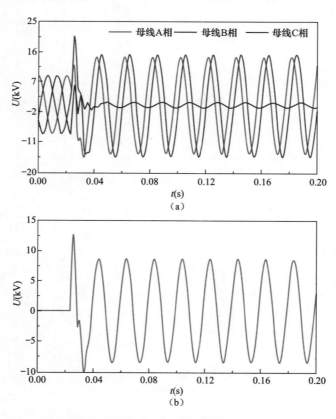

图 2-40 单相金属性接地故障特征量波形（一）

（a）母线三相电压波形；（b）中性点电压波形

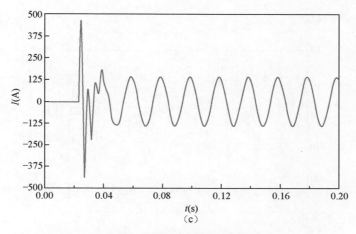

图 2-40　单相金属性接地故障特征量波形（二）
（c）故障点电流波形

表 2-7　单相金属性接地故障特征量值

特征量	电压（kV）				故障点电流（A）
	A 相	B 相	C 相	中性点	
暂态幅值	15.41	20.70	5.77	12.58	458.26
稳态有效值	9.67	10.21	0.50	5.70	98.00

故障点电流大小由中性点电压和配电网系统总的容抗大小决定，本次仿真的配电网中包含多条电缆线路，所以故障电容电流比只有架空线的系统高。然而项目仿真的对象系统与实际的城市配电网相比仍相对简单，馈线较少，分支线路也偏单一，所以实际的城市配电网故障电流会比仿真的模型大得多。

（二）弧光接地故障特征分析

对于中性点不接地系统中发生弧光接地故障的情况，故障点仍设在混联线路 L5 的 DF 段中部位置，在 C 相电压幅值达到最大值时（0.013s）发生单相接地故障，随后在工频电流第一个过零点（0.023s）时电弧熄灭；再在其后半个工频周期（0.033s），C 相电压又达到最大值，电弧再次对地重燃，然后在工频电流第二个过零点（0.043s）时电弧再次熄灭；第三次电弧重燃同样发生在 C 相电压达到峰值（0.053s）时，并假设电弧此次重燃后转化为稳定的接地故障，不再熄灭。

与稳定接地故障类似，弧光接地故障时过渡电阻（此处仅考虑稳态燃弧时接地过渡电阻，忽略燃弧过程弧道电阻的动态变化）对故障过程电压变化也有一定影响，项目以弧光接地过渡电阻较小的情况为例，仿真分析弧光接地故障特征。取弧光接地过渡电阻为 5Ω，计算得到中性点不接地系统弧光接地故障特征量波形如图 2-41 所示。

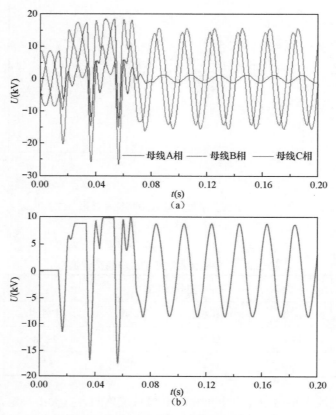

图 2-41 小电阻弧光接地故障特征量波形
（a）母线三相电压波形；（b）中性点电压波形

从系统发生的 3 次对地燃弧和 2 次工频电流过零熄弧的过程来看，每次燃弧过程都会引起系统振荡，产生间歇性弧光过电压；然后 C 相每次在电流自然过零时熄弧后，由于中性点不接地，系统对地电容上的电荷无处泄漏，会使系统产生一个直流分量，如图 2-41（a）所示，各相电压按各相电源电压叠加直流分量规律变化；电弧第 2 次重燃和第 3 次重燃产生的过电压峰值数值接近，其后产生的过电压峰值也应相近，最大电弧接地过电压出现在 B 相，过电压倍数达到 3.23（标幺值）。若电弧接地故障的状态长时间存在，高幅值的过电压必然对系统内绝缘薄弱部位造成损坏，特别是电缆线路，反复性的过电压很容易造成其绝缘积累性损伤，到一定程度就会发生击穿。

从中性点电压来看，电弧重燃和熄灭的过程中中性点电压一直保持在较高值，幅值最高达到 17.8kV，而且在电弧熄灭过程中性点电压也出现一段电压维持恒定；弧光接地转为稳定接地后，其上电压也随之稳定。因此，中性点不接地系统发生过渡电阻较小的弧光接地故障时，中性点电压有明显升高，通过电压互感器开口三角形电压也能够很明显的判断接地故障的发生。

（三）高阻接地故障特征分析

为了躲过系统正常运行时的三相不平衡电压，在单相接地故障判别时，电压互感器开口三角形电压阈值设为 15V，对应的中性点电压为 0.87kV；但是当接地故障过渡电阻很大时，三相电压变化不明显，中性点电压可能会低于阈值，即系统无法通过电压互感器开口三角形电压越限来判断出单相接地故障，这种情况就是系统发生高阻接地故障。

根据理论分析，对于不同的系统，系统容抗大小不同，高阻接地故障对应的临界接地过渡电阻也就不同，在典型配电网络中，通过改变馈线数目和长度来改变系统对地容抗，然后计算不同的系统在发生单相接地故障时，当中性点电压升高低于 0.87kV 的临界接地过渡电阻值，不同的系统容抗则通过接地电容电流的大小来反映，得到高阻接地故障临界过渡电阻值与接地电容电流的关系如表 2-8 所示。

表 2-8　高阻接地故障临界过渡电阻值与系统电容电流关系

系统电容电流（A）	10	50	100	150	200
临界过渡电阻（Ω）	4100	850	428	285	218

根据表 2-8 可得，不同的系统高阻接地故障临界过渡电阻值差异较大，城市配电网由于电缆线路较多，系统对地电容电流一般在 100A 以上，几百欧姆的接地过渡电阻对于系统来说已经是高阻接地故障，不能通过电压互感器开口三角形电压信号来判断，而实际线路上发生过渡电阻为几百欧姆的单相接地故障概率相对较高，所以在采用快速开关型消弧装置的配电网中，必须采取其他措施来判断高阻接地故障。图 2-42 为典型配电网在故障过渡电阻为 500Ω 时，计算得到三

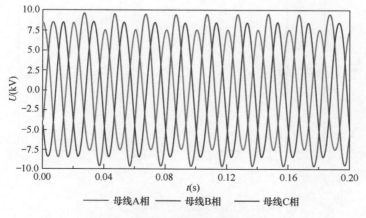

图 2-42　高阻接地故障三相电压波形

相电压波形，该配电网的电容电流为100A，从图2-42中可以看到三相电压幅值相差很小，而且几乎没有暂态过渡过程，故障C相电压略大于非故障A相电压，但低于非故障B相电压。

根据线路零序电流突变来判断高阻接地故障，针对典型配电网，计算系统发生单相高阻接地故障时各线路上零序电流的变化情况。故障点设置在线路L5的DF段中部，故障过渡电阻为500Ω，根据前面的计算，该过渡电阻值已超过高阻接地故障的临界过渡电阻值428Ω，中性点电压将低于阈值，电压互感器开口三角形电压不会越限。计算得到的高阻接地故障情况下线路上零序电流波形如图2-43所示，各条线路首端零序电流暂态幅值和稳态有效值如表2-9所示。

表2-9　高阻接地故障时各条线路零序电流值

线路	L1	L2	L3	L4	L5				
					首端	BC 段	BD 段	DE 段	DF 段
暂态幅值（A）	0.19	0.28	2.84	3.84	8.65	4.62	9.24	0.65	7.48
稳态有效值（A）	0.01	0.02	0.78	0.97	3.04	0.48	3.92	0.01	4.12

图2-43（a）和图2-43（b）中非故障线路L1～L4在故障发生时刻零序电流均发生了较大突变，其中L1和L2为架空线路，所以零序电流很小，幅值的突变量也较小，暂态幅值也小于1A；而L3和L4为电缆线路，零序电流幅值较大，突变量也较大，稳定后稳态零序电流也较大，相对容易检测。图2-43（c）中分别为故障线路的AB段、BD段和DF段首端零序电流波形，幅值的突变非常明显，暂态过程零序电流幅值最大值达到9.24A，能够较容易的被测量装置检测到；而且距离故障点越近，零序电流越大，DF段首端零序电流最大。

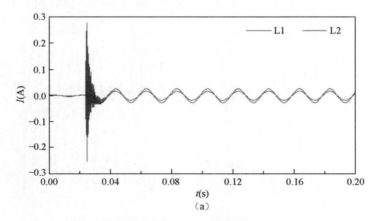

图2-43　高阻接地故障零序电流波形（一）
（a）非故障线路L1和L2零序电流波形

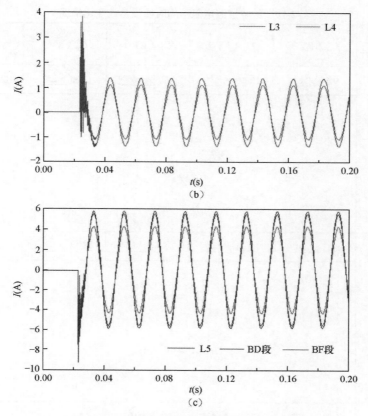

图 2-43　高阻接地故障零序电流波形（二）
（b）非故障线路 L3 和 L4 零序电流波形；（c）故障线路 L5 各测点零序电流波形

实际应用中，对于架空线路零序电流较小，不易检测的问题，一方面可以通过采用精度较高的电流互感器，另一方面，可以设定只要网络内大部分线路的零序电流发生突变，即判断系统发生单相高阻接地故障，消除零序电流较小时测量困难的影响，避免误判。

四、故障选相特征参数仿真分析

进行故障选相的依据主要是系统三相电压的大小，以典型中性点不接地系统发生稳定接地故障为例，研究接地故障过渡电阻不同时三相电压以及故障点电流的变化情况，故障点设置在线路 L1 的末端，故障电阻由 5Ω 升高到 800Ω 时各特征参数变化情况如表 2-10 所示。表中 $\dot{U}'_{A}$、$\dot{U}'_{B}$、$\dot{U}'_{C}$ 分别为故障后三相电压稳态有效值及相位，$\dot{U}'_{0}$ 为故障后中性点稳态有效值及相位，$\dot{I}_{jd}$ 为故障点接地电流稳态有效值及相位，其中故障点电流值相位与故障线路零序电流相位相同。

表 2-10　故障过渡电阻不同时特征参数变化情况

故障过渡电阻（Ω）	$\dot{U}'_A$（kV）	$\dot{U}'_B$（kV）	$\dot{U}'_C$（kV）	$\dot{U}'_0$（kV）	$\dot{I}_{jd}$（A）
5	9.67 ∠58°	10.21 ∠−3°	0.50 ∠−65°	5.70 ∠25°	100.00 ∠115°
20	8.03 ∠50°	10.46 ∠−14°	2.50 ∠−86°	5.14 ∠4°	92.27 ∠94°
40	6.51 ∠49°	10.00 ∠−22°	3.77 ∠−101°	4.32 ∠−11°	79.35 ∠79°
100	4.80 ∠64°	8.29 ∠−31°	5.19 ∠−125°	2.53 ∠−35°	48.07 ∠55°

故障过渡电阻（Ω）	$\dot{U}'_A$（kV）	$\dot{U}'_B$（kV）	$\dot{U}'_C$（kV）	$\dot{U}'_0$（kV）	$\dot{I}_{jd}$（A）
200	4.76 ∠75°	7.40 ∠−33°	5.52 ∠−133°	1.67 ∠−43°	26.84 ∠47°
400	5.04 ∠83°	6.67 ∠−33°	5.67 ∠−143°	0.97 ∠−53°	13.91 ∠37°
800	5.36 ∠87°	6.24 ∠−32°	5.70 ∠−145°	0.49 ∠−55°	7.03 ∠35°

由于三相电压的大小随故障过渡电阻的变化而变化，偏移后的中性点在以正常运行下相电压为直径的半圆上移动，三相电压的幅值和相位均随中性点的移动而相应变化，根据选相方案，将故障后三相电压大小的范围分为几个档次来判断故障相位。

（1）某一相电压小于 1kV，另外两相电压大于 9kV。当故障后三相电压在该范围内，那么系统发生单相金属性接地故障，对应表 2-10 中故障过渡电阻取为 5Ω 的情况，这时可判断电压最小相为故障相。而且，故障相电压在暂态过程幅值已足够小，如图 2-44 所示，可直接根据暂态幅值来判断电压最小相为故障相，可将故障相的判别时间缩短到 5ms 左右，但是有可能降低选相的正确率。

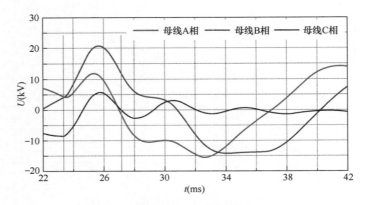

图 2-44　金属性接地故障三相电压暂态过程

（2）某一相电压小于 4kV，且其前一相电压大于 8kV。当故障后三相电压在该范围内，那么单相接地过渡电阻较小，对应表 2-10 中故障电阻取 20Ω 和 40Ω 的情况，此时故障相电压幅值最低，即判断电压最低相为故障相。

（3）三相电压均大于 4kV。当故障后三相电压在该范围内，那么单相接地过渡电阻较大，对应表 2-10 中故障电阻取 100Ω 及以上的情况，此时故障相电压幅值可能不再是三相最低的，需要根据故障相前一相电压最高来完成故障选相。

另外，当三相电压均大于 5kV 时，中性点电压升高不明显，已接近或超过电压互感器开口三角形电压能判断的范围，对应表 2-10 中故障电阻取 400Ω 及以上的情况，此时三相电压相差不大，若仅依靠三相电压的幅值大小就很容易造成误判。根据表 2-10 所示的变化规律，不论过渡电阻如何变化，故障点电流与故障相电压始终成 180°夹角，实际系统中虽然不能直接测量故障点电流，但是各条线路的零序电流是可以测量的，而且高阻故障的判别过程恰好又依靠零序电流的突变。故障点电流的方向与故障线路零序电流方向相同，而与非故障线路零序电流方向相反，所以故障相电压会与系统某一条馈线首端零序电流方向相同（以线路流向母线为零序电流正方向），而与其他馈线首端零序电流方向相反。

根据上述规律，可以完善高阻接地故障选相方法，对于开口三角形电压已经无法判别的高阻接地故障，将三相电压幅值的判别方法与零序电流方向的判别方法结合，以提高高阻接地故障选相的准确率。

五、故障选线特征参数仿真分析

故障选线的依据是配电网在单相接地故障过程中各条馈电线路零序电流的变化特征，对于采用基于接地旁路法的消弧装置的配电网，可以结合接地旁路开关合闸前和合闸后故障线路零序电流与非故障线路零序电流方向和幅值的差异进行故障线路的判断，本节分别对接地旁路开关合闸前和合闸后各条线路零序电流特征进行仿真分析，对项目提出的故障选线方案进行验证，并说明该方法同样适用于故障分支的选择。

（一）接地旁路开关合闸前零序电流特征

配电网发生单相接地故障，对接地旁路开关合闸前各线路零序电流进行计算，以典型配电网中发生金属性接地故障的情况为例，故障点设置在馈线 L5 的分支线路 DF 段中部，线路 C 相在 $t=0.023s$ 发生故障，故障后各条馈线首端零序电流波形如图 2-45 所示，零序电流的暂态峰值和稳态有效值如表 2-11 所示。

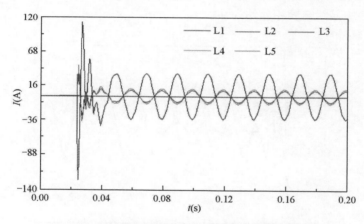

图 2-45　单相接地故障过程馈线首端零序电流波形

表 2-11　单相接地故障过程馈线首端零序电流值

馈线	L1	L2	L3	L4	L5
暂态峰值（A）	0.66	1.03	36.33	47.73	124.58
稳态有效值（A）	0.09	0.13	6.25	7.82	24.47

故障点所在线路 L5 首端零序电流幅值最大，由于分支线路的存在，稳态有效值比其他 4 条馈线零序电流之和更大，方向与其他 4 条馈线零序电流方向相反；馈线 L1 和 L2 为架空线路，零序电流相对较小；馈线 L3 和 L4 为电缆线路，零序电流相对架空线路大，但仍小于故障线路。上述幅值和方向的差异在暂态过程就非常明显，一般选线装置均是根据零序电流的幅值和方向来区分故障线路和非

故障线路。

（二）接地旁路开关合闸后零序电流特征

接地旁路开关装置安装在中性点不接地系统的母线上，当系统发生单相接地故障时，分相接地旁路开关动作合闸将母线故障相进行人工金属性接地，以转移线路上的接地故障。对接地旁路开关合闸后零序电流的变化特征进行计算，根据装置的动作特性，假设故障发生后 20ms 装置动作，即 $t=0.043s$ 时故障 C 相接地旁路开关合闸，将母线 C 相金属性接地，由于电缆线路上零序电流幅值较大，因此仅分析电缆线路 L3、L4 和混联线路 L5 的首端零序电流特征，三条线路首端零序电流波形如图 2-46 所示。

接地旁路开关动作时，发生故障的馈线 L5 零序电流有明显的翻相过程，与开关动作前的计算结果对比发现幅值的变化不明显；而非故障线路 L3 和 L4 零序电流方向和大小均未发生变化，仅出现短暂的小幅振荡过程。接地旁路开关动作后，故障线路和非故障线路的零序电流方向不再相反，而是变为有一定的角度差，图 2-46 中显示角度相差约为 90°。

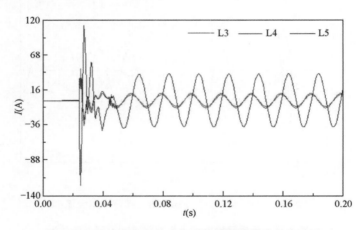

图 2-46   接地旁路开关动作后馈线首端零序电流波形

综上，将接地旁路开关动作前故障线路与非故障线路首端零序电流幅值和方向的差异，以及接地旁路开关动作后故障线路首端零序电流方向改变的特征相结合，可以大大提高故障选线的准确率。

（三）故障分支线路零序电流特征

上述零序的特征对于分支线路也同样适用，对于接地旁路开关合闸的情况，故障线路首端零序电流和其后第一层分支线路 BC 段和 BD 段首端零序电流波形如图 2-47（a）所示，其后第二层分支线路 DE 段和 DF 段首端零序电流波形如图 2-47（b）所示。故障点所在分支线路零序电流幅值较非故障分支大很多，且方向与馈线首端零序电流方向几乎相同，在接地旁路开关动作时也有明显的翻相过程。非故障的分支线路零序电流幅值小，例如 DE 段由于是架空线路，与故障分支 DF 段相比零序电流几乎为 0；非故障分支与馈线首端零序电流方向差异较大，且在接地旁路开关动作时方向不变。

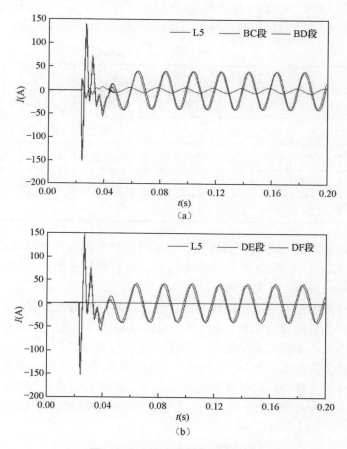

图 2-47　分支线路零序电流波形

（a）分支 BC 段和 BD 段首端零序电流波形；（b）分支 DE 段和 DF 段首端零序电流波形

　　基于零序电流的特征既可以判别出故障线路，还可以对其后具体的故障分支进行判别，且利用两项特征结合的判别方法可以保证分支选择的准确率，为后期工作人员排除故障提供方便。

六、故障选相和选线的电荷特征仿真分析

　　以中性点不接地简单配电网络为例，设置单相接地故障发生在电缆线路 L54 中部。接地电阻分别取 10Ω 及 1000Ω，以模拟小电阻接地与高阻接地进行仿真计算。

（一）不接地系统

1. 单相接地故障判断仿真结果

（1）电压互感器开口三角形电压判断。在 ATP-EMTP 中将故障过渡电阻分别设为 0、40、200、400Ω，仿真得到各相电压 $\dot{U}'_A$、$\dot{U}'_B$、$\dot{U}'_C$ 中性点电压 $\dot{U}'_0$、故障点电流 $\dot{I}_{jd}$ 和故障线路零序电流 $\dot{I}_{01}$ 的幅值和相位如表 2-12 所示。

表 2-12　不接地方式下仿真结果

特征量	$\dot{U}'_A$	$\dot{U}'_B$	$\dot{U}'_C$	$\dot{U}'_0$	$\dot{I}_{jd}$	$\dot{I}_{01}$
	（kV）	（kV）	（kV）	（kV）	（A）	（A）
$R_f=0Ω$	$10.5 \angle 58°$	$10.6 \angle -1°$	$0.2 \angle -53°$	$6.1 \angle 27°$	$100.9 \angle 117°$	$23.7 \angle 117°$
$R_f=40Ω$	$7.5 \angle 47°$	$10.8 \angle -20°$	$3.5 \angle -95°$	$5.1 \angle -6°$	$82.8 \angle 84°$	$19.5 \angle 83°$
$R_f=200Ω$	$5.0 \angle 74°$	$7.8 \angle -34°$	$5.8 \angle -135°$	$1.7 \angle -45°$	$29.0 \angle 45°$	$6.7 \angle 45°$
$R_f=400Ω$	$5.4 \angle 83°$	$6.9 \angle -34°$	$6.0 \angle -143°$	$0.9 \angle -53°$	$14.8 \angle 37°$	$3.5 \angle 37°$

对于本次仿真的系统，金属性接地故障时流过故障点的电容电流为 100.9A，在故障过渡电阻大于 200Ω 时，系统中性点电压有效值会小于 1.732kV，系统无法根据零序电流判断出高阻故障。

另外，在故障过渡电阻不断增大的过程中，故障点电流和故障线路零序电流也逐渐减小，当故障电阻达到 400Ω 时，故障线路零序电流有效值为 3.5A，若继续增大过渡电阻达 2000Ω 时，故障线路零序电流仅为 0.62A。

在不同阻值的接地电阻下，中性点电压的变化轨迹如图 2-48 所示，其在以 $\dot{U}_C$ 为直径的右半圆上移动。结合表 2-12 可以看出，故障相对地电压并非始终保持最低，但由于中性点电压在右半圆移动，故障相前一相电压始终最大，即 $U'_B > U'_C$。

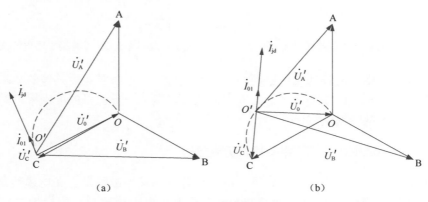

（a）　　　　　　　　　　　　（b）

图 2-48　不接地方式下仿真向量图（一）
（a）$R_f=0Ω$；（b）$R_f=40Ω$

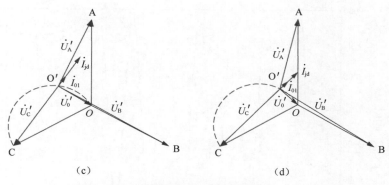

（c）   （d）

图 2-48　不接地方式下仿真向量图（二）

（c）R_f=200Ω；（d）R_f=400Ω

（2）电压特征量分析。设定 0.02s 故障发生后，中性点电压、母线三相电压波形图如图 2-49 所示。

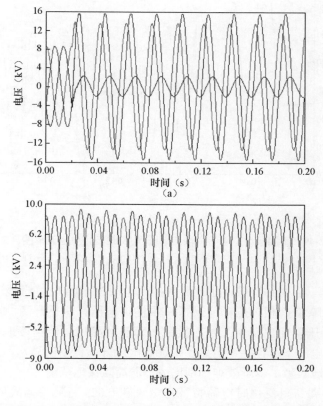

图 2-49　不同接地电阻下中性点电压、母线三相电压波形图（一）

（a）10Ω 接地电阻下母线电压；（b）1000Ω 接地电阻下母线电压

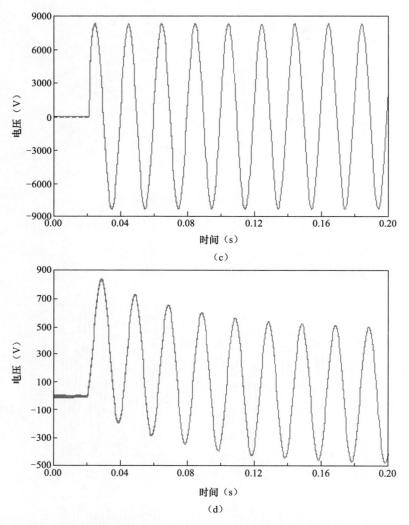

图 2-49　不同接地电阻下中性点电压、 母线三相电压波形图（二）

（c）10Ω 接地电阻下中性点电压；（d）1000Ω 接地电阻下中性点电压

　　由图可知，当发生单相接地故障且接地电阻为 10Ω 时，母线处三相电压出现不对称，故障相 C 相电压幅值最低，中性点电压有明显升高，可以从中性点电压和 C 相电压判断出发生了单相接地故障和故障相；但当接地电阻为 1000Ω 时，母线三相电压不对称并不明显，中性点电压升高也不明显，不能有效判断出发生了单相接地故障，属于较难判别出故障的高阻接地范畴。

　　现设置仿真高阻变化时电荷特征量。设置 0.02s 高阻接地故障发生，0.5ms 后燃弧，接地电阻从 1000Ω 变为 10Ω，燃弧一定时间后熄弧。设置不同的燃弧时间进行仿真计算，得到电压互感器开口三角形电压波形如图 2-50 所示。

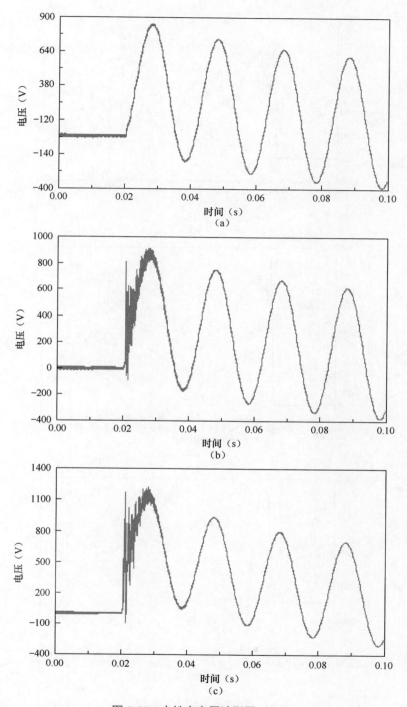

图 2-50　中性点电压波形图（一）
（a）1000Ω 下不燃弧；（b）燃弧时间 0.01ms；（c）燃弧时间 0.1ms

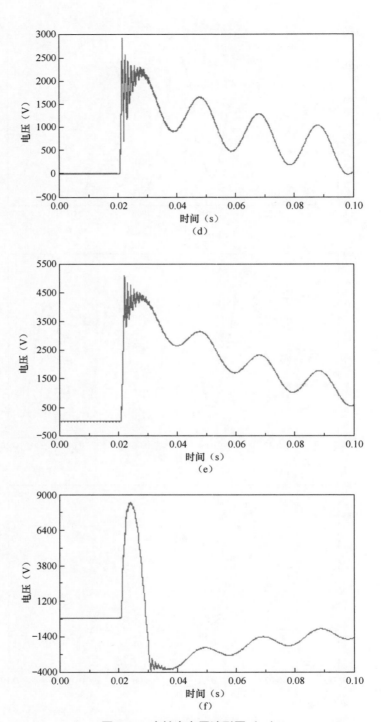

图 2-50 中性点电压波形图（二）
（d）燃弧时间 0.5ms；（e）燃弧时间 1.0ms；（f）燃弧时间 10.0ms

由表 2-13 可以看出，故障发生后 20ms 内，中性点电压工频分量幅值随着燃弧时间增加而增加；在发生高阻单相接地故障时，即使有燃弧，故障判别依然困难。

表 2-13　故障发生后 20ms 内中性点电压工频分量及直流分量幅值

状态量	无故障	高阻故障	燃弧时间				
			0.01ms	0.1ms	0.5ms	1.0ms	10.0ms
工频分量幅值	0.976	357.8	360.0	380.9	480.4	721.1	4443
直流分量	−0.764	348.1	375.0	622.1	1593	3496	551.3

2.　单相接地故障选相仿真结果

（1）电流特征分析。仿真得到各馈线零序电流的波形图如图 2-51 所示。故障发生后 20ms 内各馈线零序电流 I 频分量幅值和相位如表 2-14 所示。

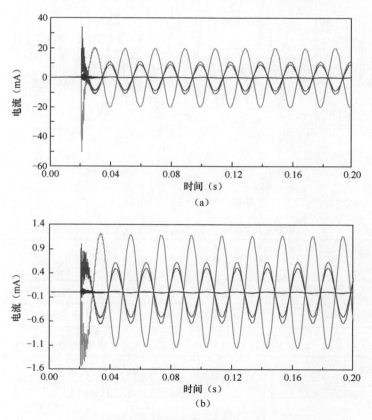

图 2-51　各馈线零序电流 （未安装开关）

（a）10Ω 接地电阻下各馈线零序电流；（b）1000Ω 接地电阻下各馈线零序电流

仿真得到各支线零序电流的波形图如图 2-52 所示。

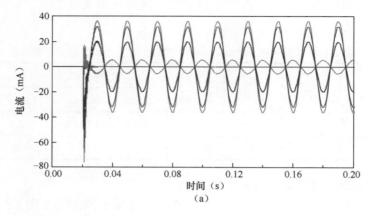

（a）

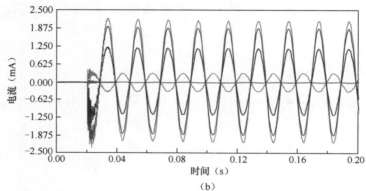

（b）

图 2-52　各支线零序电流　（未安装开关）
（a）10Ω 接地电阻下各支线零序电流；（b）1000Ω 接地电阻下各支线零序电流

表 2-14　故障发生后 20ms 内各馈线零序电流工频分量幅值和相位

电阻（Ω） \ 馈线	L5	L4	L3	L2	L1
10	15.00 ∠−78.1°	8.20 ∠101.9°	6.56 ∠101.9°	0.15 ∠101.3°	0.09 ∠101.3°
1000	0.82 ∠−149.8°	0.45 ∠30.1°	0.36 ∠30.1°	0.01 ∠36.8°	0.01 ∠36.9°

表 2-15　故障发生后 20ms 内各支线零序电流工频分量幅值和相位

电阻（Ω） \ 支线	L54	L53	L52	L51	L5
10	27.4 ∠−77.9°	0.07 ∠102.3°	24.0 ∠−78.0°	4.1 ∠102.5°	15.0 ∠−78.1°
1000	1.49 ∠−149.5°	0.004 ∠37.4°	1.31 ∠−149.6°	0.22 ∠30.8°	0.82 ∠−149.8°

由图 2-52 可以得出，在稳态时，故障线路与非故障线路零序电流方向相反，幅值相对较高。在故障发生后 20ms 范围内，对各线路电流进行傅立叶分析，得到两种接地电阻下工频分量幅值和相位的结果如表 2-14 和表 2-15 所示，在小电阻接地下，可以依据故障线路的电流相位与非故障线路反向来进行故障选线。但在高阻接地下，零序电流工频分量幅值较小，将增加选线难度。

（2）电荷特征分析。

1）零序电荷量。仿真得到各馈线电荷量波形图如图 2-53 所示。

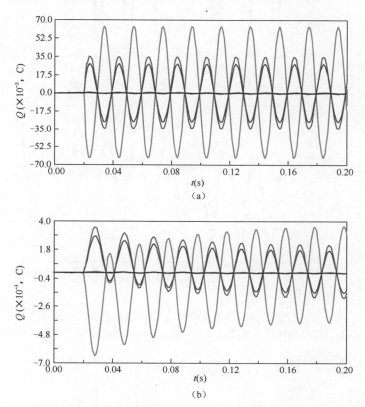

图 2-53　各馈线电荷量　（未安装开关）

（a）10Ω 接地电阻下各馈线电荷；（b）1000Ω 接地电阻下各馈线电荷

仿真得到各支线电荷量波形图如图 2-54 所示。

由图 2-54 可以看出，故障线路与非故障线路电荷方向相反，幅值较高。但电荷特征与电流特征类似，在高阻接地下，零序电荷幅值较小，将增加选线难度。

与电流特征分析法对比，采用电荷特征来进行故障选线的优点是：零序电荷在故障发生后基本无振荡过程，可以在暂态过程中确定故障线路。针对该特征，分析 5ms 内暂态电荷量，图 2-55 中的柱状图中所示为 5ms 内电荷的最大值。

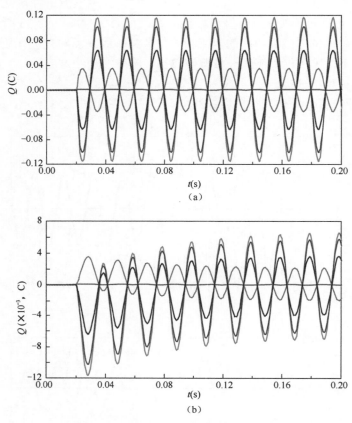

图 2-54　各支线电荷量　（未安装开关）
（a）10Ω 接地电阻下各支线电荷；（b）1000Ω 接地电阻下各支线电荷

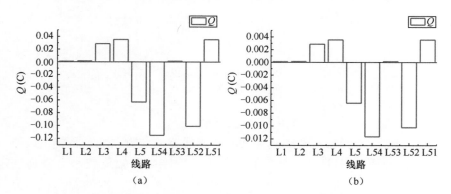

图 2-55　未安装接地旁路开关 5ms 内暂态电荷量
（a）10Ω 接地电阻下 5ms 内暂态电荷量；（b）1000Ω 接地电阻下 5ms 内暂态电荷量

由图 2-55 可知，在 5ms 内依据故障线路与非故障线路电荷量正负即可以判断出故障线。若在测量精度较高或低阻接地条件下，可进一步缩短故障选线的时间。

2）考虑燃弧时零序电荷特征量。对弧光接地故障来说，由于空气游离的缘故，接地阻抗变化很大。现设置仿真高阻变化时，电荷特征量。设置 0.02s 高阻接地故障发生，0.5ms 后燃弧，接地电阻从 1000Ω 变为 10Ω，持续 1ms 后熄弧。馈线电荷量波形图如图 2-56 所示。

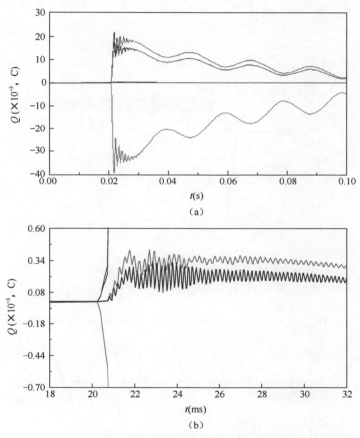

图 2-56 馈线电荷量波形图
（a）考虑燃弧时馈线电荷量；（b）局部放大图

由图 2-57 可以看出，故障线路与非故障线路电荷量方向相反，并且无振荡过程，且由于燃弧，电荷量幅值上升，这对于故障选线是有利的。

以馈线为例，改变燃弧时间进行仿真计算。由图 2-58 可以看出，当燃弧时间持续至 1ms 以上，电荷量幅值大幅增大，有利于选出故障线路。

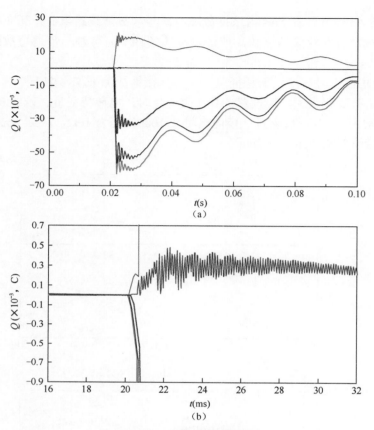

图 2-57　支线电荷量波形图
（a）考虑燃弧时支线电荷量；（b）局部放大图

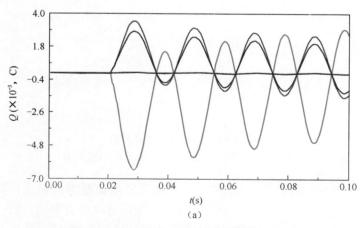

图 2-58　不同燃弧时间下馈线电荷量波形图（一）
（a）1000Ω 下不燃弧

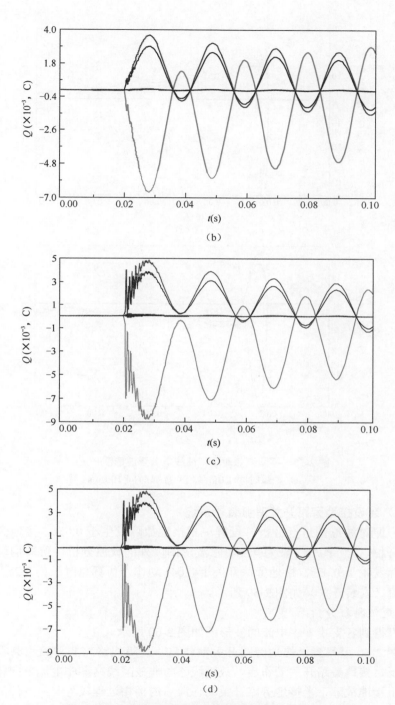

图 2-58　不同燃弧时间下馈线电荷量波形图（二）

（b）燃弧时间 0.01ms；（c）燃弧时间 0.1ms；（d）燃弧时间 0.5ms

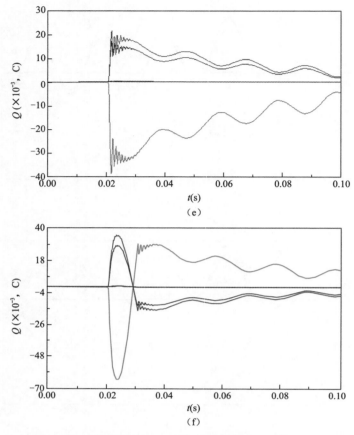

图 2-58　不同燃弧时间下馈线电荷量波形图（三）

（e）燃弧时间 1.0ms；（f）燃弧时间 10.0ms

（二）装设接地旁路开关消弧装置系统

为方便对波形图进行分析，设置单相接地故障发生于 0.05s，接地旁路开关于 0.15s 动作，仿真总时长为 0.3s。除波形图以外的数值分析，仿真均设置单相接地故障发生于 0.02s，接地旁路开关于 0.04s 动作，仿真总时长为 0.2s。各馈线零序电流（安装开关）如图 2-59 所示。

1．电流特征分析

仿真得到各支线零序电流的波形图如图 2-60 所示。

由图 2-60 可得到，接地旁路开关动作前，故障线路与非故障线路零序电流方向相反，接地旁路开关动作后，故障线路与非故障线路零序电流方向相同。在经小电阻接地故障下，接地旁路开关动作前后的翻相过程较为明显，但高阻接地故障下翻相过程则不太明显。进一步定量分析故障线路翻相特征，得出开关动作前后 20ms 内各馈线零序电流工频分量幅值和相位如表 2-16 所示。

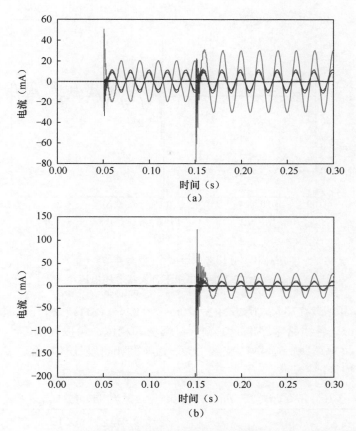

图 2-59　各馈线零序电流　（安装开关）

（a）10Ω 接地电阻下各馈线零序电流；（b）1000Ω 接地电阻下各馈线零序电流

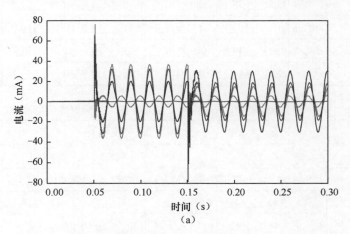

图 2-60　各支线零序电流　（安装开关）（一）

（a）10Ω 接地电阻下各支线零序电流

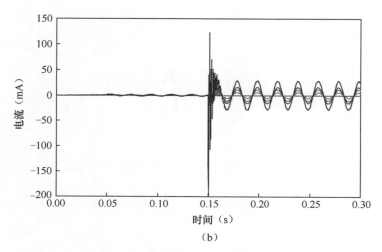

(b)

图 2-60　各支线零序电流　（安装开关）（二）
（b）1000Ω 接地电阻下各支线零序电流

　　表 2-16 和表 2-17 即故障发生后 20ms（0.02 ～ 0.04s）和开关动作后 20ms（0.04 ～ 0.06s）各线路零序电流工频分量幅值和相位，可以发现经小电阻单相接地故障下，故障馈线 L5、故障支线 L52、L54 翻相特征比较明显。高阻接地下，故障线路翻相特征不明显。

表 2-16　开关动作前后 20ms 内各馈线零序电流工频分量幅值和相位

电阻（Ω）		馈线零序电流（mA）				
		L5	L4	L3	L2	L1
10	动作前	$15.00∠-78.1°$	$8.20∠101.9°$	$6.56∠101.9°$	$0.15∠101.3°$	$0.09∠101.3°$
	动作后	$21.01∠103.1°$	$8.47∠116.8°$	$6.77∠116.8°$	$0.15∠116.0°$	$0.10∠116.0°$
1000	动作前	$0.82∠-149.8°$	$0.45∠30.1°$	$0.36∠30.1°$	$0.01∠36.8°$	$0.01∠36.9°$
	动作后	$22.73∠114.2°$	$9.04∠114.8°$	$7.24∠114.9°$	$0.17∠114.1°$	$0.10∠114.2°$

表 2-17　开关动作前后 20ms 内各支线零序电流工频分量幅值和相位

电阻（Ω）		支线				
		L54	L53	L52	L51	L5
10	动作前	$27.4∠-77.9°$	$0.07∠102.3°$	$24.0∠92.9°$	$4.1∠102.5°$	$15.0∠-78.1°$
	动作后	$9.13∠84.3°$	$0.07∠115.3°$	$12.18∠-78.0°$	$4.21∠116.3°$	$21.01∠103.1°$
1000	动作前	$1.49∠-149.5°$	$0.004∠37.4°$	$131∠-149.6°$	$0.22∠30.8°$	$0.82∠-149.8°$
	动作后	$9.08∠113.7°$	$0.07∠113.5°$	$12.77∠113.9°$	$4.53∠114.4°$	$22.73∠114.2°$

2. 电荷特征分析

（1）零序电荷量。仿真得到各馈线电荷量波形图如图 2-61 所示。

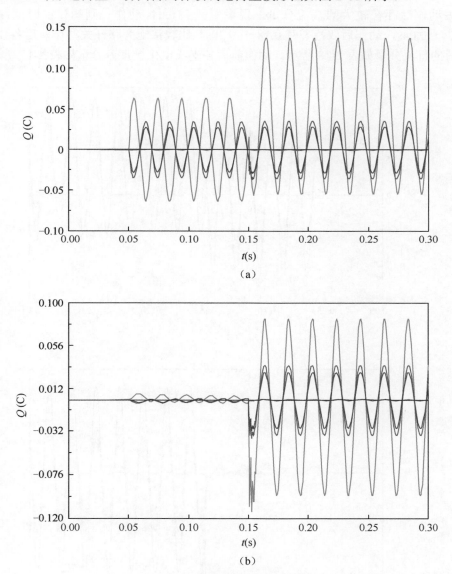

（a）

（b）

图 2-61 各馈线电荷量 （安装开关）
（a）10Ω 接地电阻下各馈线电荷；（b）1000Ω 接地电阻下各馈线电荷

仿真得到各支线电荷量波形图如图 2-62 所示。

由图 2-62 可得，在发生单相接地故障且接地旁路开关动作前，故障线路与非故障线路电荷方向与零序电流类似，方向相反，且在接地旁路开关动作前后存在明显的翻相过程。

（2）零序电荷直流分量。由于零序电流的翻相过程，零序电荷在接地旁路开关动作后存在较大的直流分量。现设置开关 0.04s 动作，则动作前时间段取 0.02 ～ 0.04s，动作后取稳态时 0.18 ～ 0.20s。比较接地旁路开关动作前后各线路电荷的直流分量如表 2-18 所示。动作前后各支线电荷量直流分量如表 2-19 所示。

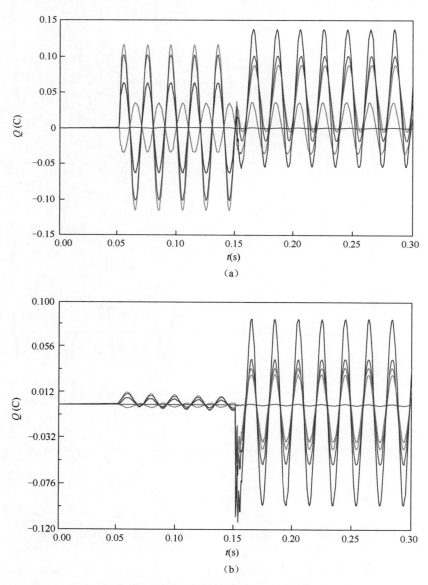

图 2-62　各支线电荷量（安装开关）

（a）10Ω 接地电阻下各支线电荷；（b）1000Ω 接地电阻下各支线电荷

表 2-18　动作前后各馈线电荷量直流分量

电阻		馈线电荷量直流分量（C）				
		L5	L4	L3	L2	L1
正常		-4.965×10^{-6}	-3.165×10^{-6}	-2.532×10^{-6}	6.557×10^{-6}	4.106×10^{-6}
10Ω	动作前	8.862×10^{-4}	-4.919×10^{-4}	-3.912×10^{-4}	-2.160×10^{-6}	-1.335×10^{-6}
	动作后	-4.125×10^{-2}	-8.512×10^{-7}	-6.819×10^{-7}	6.599×10^{-6}	4.132×10^{-6}
1000Ω	动作前	-2.653×10^{-3}	1.444×10^{-3}	1.155×10^{-3}	3.273×10^{-5}	2.047×10^{-5}
	动作后	2.479×10^{-3}	-8.512×10^{-7}	-6.819×10^{-7}	6.599×10^{-6}	4.132×10^{-6}

表 2-19　动作前后各支线电荷量直流分量

电阻		支线电荷量直流分量（C）				
		L54	L53	L52	L51	L5
正常		-3.128×10^{-6}	5.766×10^{-6}	-1.499×10^{-3}	-3.143×10^{-6}	-4.965×10^{-6}
10Ω	动作前	1.573×10^{-3}	-9.484×10^{-7}	1.397×10^{-3}	-4.569×10^{-4}	8.862×10^{-4}
	动作后	-4.125×10^{-2}	5.803×10^{-6}	-4.125×10^{-2}	-8.166×10^{-7}	-4.125×10^{-2}
1000Ω	动作前	-4.833×10^{-3}	2.866×10^{-6}	-4.241×10^{-3}	1.444×10^{-3}	-2.653×10^{-3}
	动作后	2.478×10^{-3}	5.803×10^{-6}	2.480×10^{-3}	-8.211×10^{-7}	2.479×10^{-3}

　　根据上述数据，绘制动作前后各线路电荷量直流分量柱状图如图 2-63 所示。可以发现，接地旁路开关动作后，故障线路电荷直流分量远远大于非故障线路。

　　因而可以将监测接地旁路开关动作后一个周波内各线路的零序电荷直流分量作为故障选线的方法。

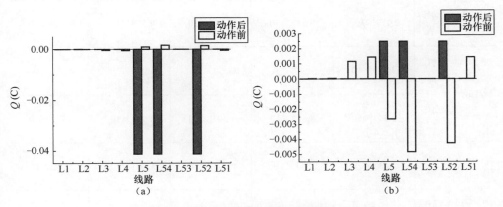

图 2-63　动作前后各线路电荷量直流分量
（a）10Ω 接地电阻下；（b）1000Ω 接地电阻下

（3）改变接地旁路开关延迟时间。上述仿真设置动作延迟时间 20ms 是依据接地旁路开关装置特性取值，由于直流分量大小与开关动作时间有关，现改变延迟时间，比较开关动作时间不同情况下的直流分量大小。设故障发生在 0.02s，接地电阻为 1000Ω，现设置 0.03s（10ms）、0.035s（15ms）、0.04s（20ms）、0.045s（25ms）、0.05s（30ms）时开关动作，不同动作时间下的零序电荷直流分量如表 2-20 和表 2-21 所示。

表 2-20　1000Ω 下不同动作时间馈线电荷直流分量

动作延时		馈线电荷直流分量（C）				
		L5	L4	L3	L2	L1
正常		-4.965×10^{-6}	-3.165×10^{-6}	-2.532×10^{-6}	6.557×10^{-6}	4.106×10^{-6}
10ms	动作前	-4.085×10^{-3}	2.221×10^{-3}	1.777×10^{-3}	5.324×10^{-5}	3.333×10^{-5}
	动作后	-1.390×10^{-2}	-8.512×10^{-7}	-6.819×10^{-7}	6.599×10^{-6}	4.132×10^{-6}
15ms	动作前	-3.847×10^{-3}	2.094×10^{-3}	1.675×10^{-3}	4.803×10^{-5}	3.004×10^{-5}
	动作后	-8.685×10^{-4}	-8.512×10^{-7}	-6.819×10^{-7}	6.599×10^{-6}	4.132×10^{-6}
20ms	动作前	-2.653×10^{-3}	1.444×10^{-3}	1.155×10^{-3}	3.273×10^{-5}	2.047×10^{-5}
	动作后	2.479×10^{-3}	-8.512×10^{-7}	-6.819×10^{-7}	6.599×10^{-6}	4.132×10^{-6}
25ms	动作前	-2.371×10^{-3}	1.290×10^{-3}	1.032×10^{-3}	3.040×10^{-5}	1.902×10^{-5}
	动作后	-9.543×10^{-3}	-8.512×10^{-7}	-6.819×10^{-7}	6.599×10^{-6}	4.132×10^{-6}
30ms	动作前	-2.833×10^{-3}	1.541×10^{-3}	1.233×10^{-3}	3.663×10^{-5}	2.292×10^{-5}
	动作后	-1.197×10^{-2}	-8.512×10^{-7}	-6.819×10^{-7}	6.599×10^{-6}	4.132×10^{-6}

表 2-21　1000Ω 下不同动作时间支线电荷直流分量

动作延时		支线电荷直流分量（C）				
		L54	L53	L52	L51	L5
正常		-3.128×10^{-6}	5.766×10^{-6}	-1.499×10^{-3}	-3.143×10^{-6}	-4.965×10^{-6}
10ms	动作前	-7.452×10^{-3}	4.670×10^{-5}	-6.535×10^{-3}	2.230×10^{-3}	-4.085×10^{-3}
	动作后	-1.390×10^{-2}	5.803×10^{-6}	-1.390×10^{-2}	-8.211×10^{-7}	-1.390×10^{-2}
15ms	动作前	-7.007×10^{-3}	4.199×10^{-5}	-6.149×10^{-3}	2.093×10^{-3}	-3.847×10^{-3}
	动作后	-8.703×10^{-4}	5.803×10^{-6}	-8.678×10^{-4}	-8.211×10^{-7}	-8.685×10^{-4}
20ms	动作前	-4.833×10^{-3}	2.866×10^{-6}	-4.241×10^{-3}	1.444×10^{-3}	-2.653×10^{-3}
	动作后	2.478×10^{-3}	5.803×10^{-6}	2.480×10^{-3}	-8.211×10^{-7}	2.479×10^{-3}
25ms	动作前	-4.325×10^{-3}	2.669×10^{-5}	-3.794×10^{-3}	1.293×10^{-3}	-2.371×10^{-3}
	动作后	-9.545×10^{-3}	5.803×10^{-6}	-9.542×10^{-3}	-8.211×10^{-7}	-9.543×10^{-3}
30ms	动作前	-5.164×10^{-3}	3.210×10^{-5}	-4.530×10^{-3}	1.543×10^{-3}	-2.833×10^{-3}
	动作后	-1.198×10^{-2}	5.803×10^{-6}	-1.197×10^{-2}	-8.211×10^{-7}	-1.197×10^{-2}

由表 2-20 和表 2-21 可知，改变接地旁路开关的动作时间，上述规律依然存在，即接地旁路开关动作前，故障线路与非故障线路电荷直流分量反向；接地旁路开关动作后，故障线路电荷直流分量远远大于非故障线路。另外，改变接地旁路开关动作时间，对动作后的非故障线路的电荷直流分量影响可以忽略。

（三）结果分析

根据以上仿真结果，可以得出：

（1）当故障电阻较小时，电压特征量变化较为明显：故障相电压降低，中性点电压升高，采用电压特征量的变化进行故障判别及故障选相的准确率较高。但当故障电阻较大时，三相电压幅值变化不明显，中性点电压略有增大，采用电压特征量进行故障判别及故障选相的准确率低。高阻故障下的故障判别及故障选相仍是研究难点。

（2）对于中性点不接地系统，发生单相接地故障后：①零序电荷与零序电流的变化规律类似，故障线路与非故障线路电荷方向相反，幅值较高，但在高阻接地下，故障线路与非故障线路的零序电荷幅值都较小，将增加选线难度；②与电流特征分析法对比，采用电荷特征来进行故障选线的优点是：零序电荷在故障发生后基本无振荡过程，可以在暂态过程中确定故障线路。

（3）对于装设了基于接地旁路法的消弧装置的系统，发生单相接地故障后：①故障线路的零序电流在接地旁路开关动作前后发生了翻相过程，但高阻接地故障下翻相过程不太明显，且随着接地旁路开关动作延时的减少，会增加零序电流相位检测的难度；②故障线路的零序电荷在接地旁路开关动作前后的规律与零序电流类似，且零序电荷在暂态过程中基本无振荡过程；③接地旁路开关动作后，不论低阻接地还是高阻接地，故障线路零序电荷的直流分量远大于非故障线路；接地旁路开关的动作时延对故障线路零序电荷的直流分量有一定影响，但各种情况下均比非故障线路至少高出 2 个数量级，可以通过检测接地旁路开关动作后线路零序电荷的直流分量来实现故障选线。

第三章

主动干预的快速消弧消谐技术研究

第一节　快速开关型消弧原理及实现方案

电压型消弧方式原理是快速开关型消弧技术的基本原理，而快速开关的动作是实现消弧的关键，本章对这两点进行介绍。

一、电压型消弧方式原理

电压型消弧方式的理论基础是弧隙恢复抗电强度理论，它是由苏联学者别列柯夫根据多次实测和模拟实验结果得出来的，该理论认为：单相接地故障产生的接地电弧不论在工频电流过零时熄灭还是在高频电流过零时熄灭，只要熄弧峰压 U_{pv} 小于弧道介质的恢复强度 U_{ds}，接地电弧便不会重燃；反之，若弧道介质的抗电强度恢复速度或者幅值小于故障相电压电压 U_{rv} 的恢复速度或者幅值（即熄弧峰压），电弧便会重燃。

故障相恢复电压曲线和故障点介质抗电强度恢复曲线如图 3-1 所示，熄弧峰压 U_{pv} 一般出现在电弧熄灭后 $T_0/2$ 时刻，当恢复电压曲线高于介质恢复强度曲线，二者相交时，故障点电弧就会重燃；若恢复电压曲线低于恢复强度曲线，二者没有交点，故障点接地电弧会自行熄灭而不发生重燃；所以只要熄弧峰压 U_{pv} 小于某一临界值 U_{cv}，使得两条曲线不相交，电弧便不会重燃，临界弧熄时的故障相恢复电压如图 3-1 中实线所示。

根据以上理论，当系统发生弧光接地故障时，只要限制故障点电压，使其小于弧道介质的恢复强度，电弧不发生重燃，就可以达到彻底消除电弧的目的。电压型消弧方式就是利用开关设备将线路上的单相弧光接地转换成母线处故障相稳定的金属性接地，实现接地故障的转移并钳制故障相恢复电压，从而实现消除弧光接地故障。电压型消弧方式不受接地电容电流大小的影响，而且消弧过程相对简单，响应时间短。

在故障后利用母线开关装置在 C 相母线上设置人工金属性接地点，如图 3-2 所示，线路故障点电弧电流全部转移到母线的金属性接地相，即流过母线金属性接地相的电流约为系统对地电容电流，而流过故障点的电弧电流迅速降为 0，电弧很快熄灭。

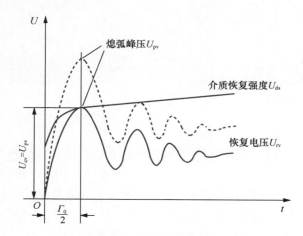

图 3-1　弧隙恢复抗电强度理论示意图

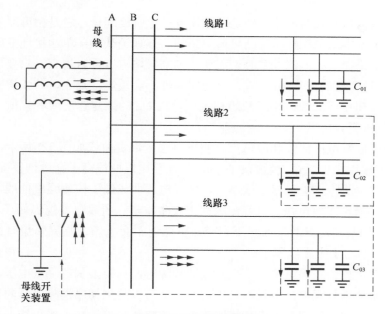

图 3-2　母线开关动作后电容电流分布

在母线开关装置动作后，故障相的零序电流方向会改变，如图 3-2 所示，故障线路 3 首端基波零序电流为

$$3\dot{I}_{03} = \dot{I}_{C_{A3}} + \dot{I}_{C_{B3}} + \dot{I}_{C_{C3}}$$
$$= j\dot{U}'_A \omega C_{03} + j\dot{U}'_B \omega C_{03} + j3\dot{U}_0 \omega(C_{01} + C_{02} + C_{03}) \tag{3-1}$$

式中：$\dot{I}_{C_{A3}}$ 为线路 3 的 A 相对地电流；$\dot{I}_{C_{B3}}$ 为线路 3 的 B 相对地电流；$\dot{I}_{C_{C3}}$ 为线路 3 的 C 相对地电流；$\dot{U}'_A$ 为 A 相对地电流；$\dot{U}'_B$ 为 B 相对地电流；$\dot{U}_0$ 为中性点电压。

即故障线路零序电流方向变为由母线流向线路，这样故障线路零序电流在开关装置动作前后有一个明显的翻相过程，而非故障线路零序电流方向保持不变。

二、快速开关型消弧装置结构及动作原理

在发生单相接地故障时，要求在尽可能短的时间内将弧光接地转换为稳定的金属性接地。传统的机械开关虽然带负载能力强、导通稳定，但响应速度慢，一般在 50ms 左右，不能满足快速动作要求；电力电子开关响应速度快，但其通态损耗过大、耐压能力低。因此，基于接地旁路法的消弧装置一般采用基于电磁斥力机构的接地旁路开关，可实现 7ms 内合闸，3ms 内分闸，开断电流达 40kA，满足快速分合闸并且在两相接地故障时迅速断开短路电流的要求。

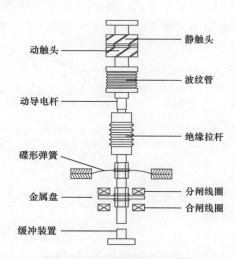

图 3-3　基于电磁斥力机构的接地旁路开关结构

基于电磁斥力机构的接地旁路开关结构如图 3-3 所示，主要由真空灭弧室、动导电杆、分合闸线圈、金属盘等组成。灭弧室内动静触头分别和输电线路两端相连接，动触头的操作机构由电磁斥力机构带动。

电磁斥力机构的简化模型如图 3-4 所示，其工作原理是：当开关收到合闸（或分闸）命令时，通过预先充好电的储能电容向斥力线圈放电，从而在线圈中产生持续几毫秒的脉冲电流，斥力线圈在此脉冲电流作用下产生交变的磁场，同时斥力盘因感应出涡流而产生电磁力，斥力盘受到洛仑兹斥力的作用迅速运动，通过连杆驱动真空灭弧室的动触头动作，

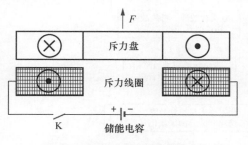

图 3-4　电磁斥力结构工作原理

从而实现快速真空开关支路的快速分合闸。

电磁斥力接地旁路开关断口采用真空灭弧室结构，灭弧室主要由动静触头、绝缘外壳、波纹管等组成，绝缘性能良好，触头开距小，要求操动机构提供的能量也小，能与电磁斥力结构良好配合，而且电弧电压低，电弧能量小，对触头的烧损较轻微，机械和电气寿命均较高。开关装置中的碟形弹簧起缓冲作用，提供动触头分合闸的保持力，即在触头动作后吸收运动部件的动能，保证动触头弹跳不大于2mm，保证消弧装置能够分合闸成功。

三、快速开关型消弧装置技术整体动作流程

根据以上分析，基于接地旁路法的消弧技术整体的动作流程如图3-5所示，其中简化了前文已详述过的故障判别、故障选相和故障选线流程。

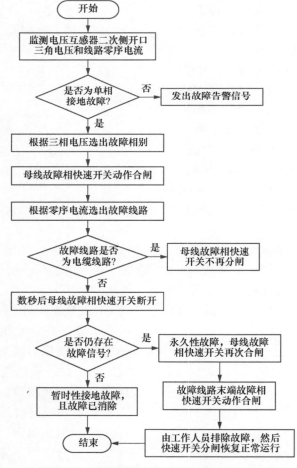

图3-5　基于接地旁路法的消弧技术整体动作流程

系统通过检测电压互感器二次侧开口三角形电压和线路零序电流判断是否发生单相接地故障，若判断发生的是单相接地故障，那么继续运行故障选相程序，选出发生故障的相别，然后向故障相母线接地旁路开关发出合闸信号，一般故障判别和选相过程可在 10 ～ 15ms 内完成，若故障为金属性接地，甚至可缩短至 5ms，但是会牺牲部分可靠性；若发生高阻接地故障，考虑通信时间，故障判别和选相过程可能需要 20ms。故障相接地旁路开关收到合闸信号后会迅速闭合，将故障点处接地电流转移到母线处，使故障电弧熄灭并抑制电弧重燃，接地旁路开关的合闸时间可以控制在 7ms，合闸后电弧几乎立即转移。所以，利用基于接地旁路法的消弧装置一般可在 20ms 左右实现消弧，最短甚至可以到 12ms，最长也不会超过 30ms。然后，根据选线结果识别发生故障的线路是否为电缆线路，由于电缆线路故障后绝缘不能恢复，必须排除线路故障才能重新恢复正常运行，因此接地旁路开关合闸后不再分闸，电弧不会再次发展，同时保证故障点电压在安全电压以下，保护工作人员安全；若发生故障的线路为架空线，暂时性的弧光接地故障在开关闭合后数秒内就能够彻底消除，且绝缘也恢复到初始状态，断开接地旁路开关后系统随即恢复正常运行，不会有接地故障信号；若架空线路上发生的是永久性接地故障，接地旁路开关断开后，接地故障仍然存在，母线故障相接地旁路开关需要再次动作合闸，以转移故障点电流并保证工作人员的安全。此时，若故障线路末端也安装有消弧装置，可以发出信号是故障线路末端的故障相消弧装置动作合闸，即让故障线路的首端和末端故障相均保持金属性接地，进一步降低沿线电压，保证工作人员安全作业。

针对万一出现的选相错误情况，系统发生两相短路故障，短路电流较大，继电保护装置能够动作跳开故障线路。另外，对于母线消弧装置合闸期间在其他线路的非故障相上又发生接地故障的情况，同样的，继电保护装置会对该条线路采取跳闸措施。

四、快速开关消除弧光接地故障仿真分析

（一）快速开关合闸过程

快速开关消除弧光接地故障的主要原理是母线上快速开关合闸后将故障点处的电流转移至电站内，假设故障点接地过渡电阻为 10Ω，依然设置故障点在馈线 L5 的分支线路 DF 段中部，线路 C 相在 0.023s 时发生故障，20ms 后故障相快速开关动作。在快速开关动作后故障点入地电流和母线 C 相经快速开关入地电流波形如图 3-6 所示。

故障相母线金属性接地后，故障点电流迅速减小，稳态有效值为 6A，绝大部分故障电流转移到母线金属性接地相，故障点接地电弧电流不足以维持电弧燃烧，电弧迅速熄灭。

在母线金属性接地会将故障点处的故障相电压限制在 0.40kV，如图 3-7 所示，电弧很难重燃，不会因电弧反复重燃而产生幅值很高的过电压。

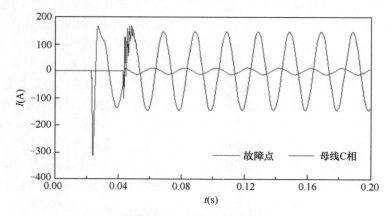

图 3-6　快速开关合闸过程故障电流转移情况

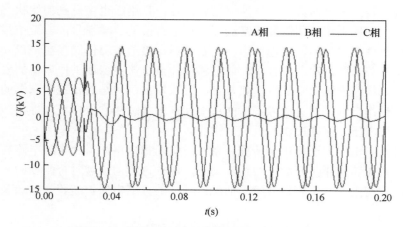

图 3-7　快速开关合闸过程故障点电压限制情况

　　通过快速开关的合闸可以实现弧光接地故障快速且完全的消除，只要开关动作，电弧电流能够立刻被转移到电站内，故障点的电压也是立刻降低，电弧燃烧的条件被破坏，接地故障随即消除。

　　快速开关合闸后随即进行故障选线程序，若确定故障点所在的线路为电缆线路，因为其绝缘是不可恢复的，所以即使故障消失，故障点的绝缘已被破坏，若此时控制快速开关分闸，三相电压恢复正常，故障点在相电压的作用下绝缘仍会对地闪络，接地故障会进一步发展。因此电缆线路单相接地故障情况下，快速开关合闸后不再断开，等待工作人员排除故障后再行分闸恢复正常送电。

（二）快速开关分闸过程

　　对于架空线路上发生的暂时性单相接地故障，母线故障相快速开关合闸一段时间，确保故障电弧完全熄灭，线路绝缘恢复到原始状态后会再次动作分闸，以恢复配电系统正常运行状态。设置母线故障相快速开关在合闸 3s 后，即 3.043s 分闸，母线三相电压如图 3-8 所示。

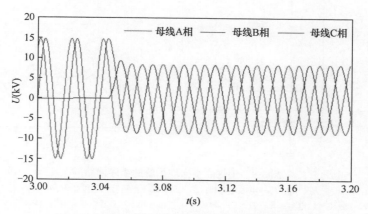

图 3-8　快速开关分闸后母线三相电压波形

根据图 3-8，三相电压在快速开关分闸后 10ms 左右恢复到正常值，配电网恢复正常运行。即使快速开关分闸激发产生电压互感器铁磁谐振，由于电压互感器一次侧热敏消谐器的作用，系统三相电压也可以在 50ms 左右恢复正常。

架空线路上的弧光接地故障可以快速消除后恢复正常运行，但是对于架空线路永久性单相接地故障，快速开关分闸后仍有故障信号，就会再次迅速合闸，并保持合闸装置不再分闸；但是为了防止开关分闸激发电压互感器铁磁谐振对电压互感器开口三角形电压的影响，需要将故障判别的时间适当延后，保证电压互感器一次侧热敏消谐器将铁磁谐振消除后，再进行单相接地故障的识别。然后与电缆线路故障类似，若线路末端也安装有快速开关型消弧装置，可以控制末端快速开关同时闭合。

第二节　电压互感器铁磁谐振原理及消谐方案

一、电压互感器保险熔断机理分析与常见抑制措施

（一）铁磁谐振原理

铁磁谐振是电力系统中非线性元件（变压器、互感器）和电容（对地电容）的一种共振过程。按周期性可以分为周期谐振和非周期谐振；其中周期谐振包括基频谐振、分频谐振和高频谐振，非周期谐振包括准周期谐振和混沌谐振。

1. 三相铁磁谐振产生的机理

图 3-9 为中性点不接地系统的零序回路。由等效电路分析可知，中性点电压

的表达式为

$$\dot{U}_N = \frac{\dot{E}_A Y_A + \dot{E}_B Y_B + \dot{E}_C Y_C}{Y_A + Y_B + Y_C} \qquad (3\text{-}2)$$

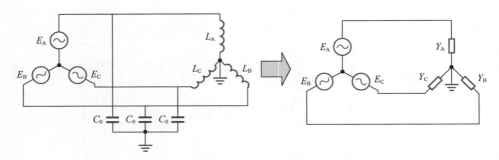

图 3-9　中性点不接地系统的零序回路

E_A、E_B、E_C—电源电动势；L_A、L_B、L_C—电压互感器励磁电感；
C_0—线路对地电容；Y_A、Y_B、Y_C—导线对地电容与电压互感器电感并联后的等效导纳

正常情况下感抗大于容抗，三相导纳为容性，中性点电压 $\dot{U}_N$ 为零。若系统产生一定的激发条件，如电压互感器某相饱和，其励磁电感下降到与其并联的容抗值相匹配时，就可能产生基波谐振、谐波铁磁谐振（分频谐振和高次谐波谐振）。图 3-10 为彼得逊（Peterson）等人在各种系统零序参数下通过模拟实验得出的结果。

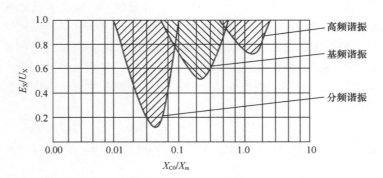

图 3-10　Peterson 曲线

X_{C0}—相对地容抗值；X_m—线电压下电压互感器铁芯感抗值

彼得逊的研究表明：当 X_{C0}/X_m 为 $0.01 \sim 0.07$ 时，系统会激发分频谐振；当 X_{C0}/X_m 为 $0.07 \sim 0.55$ 时，系统会激发基频谐振；而当 X_{C0}/X_m 为 $0.55 \sim 2.8$ 时，系统会激发高频谐振；最后当 $X_{C0}/X_m < 0.01$ 或者 $X_{C0}/X_m > 2.8$ 时，系统不发生谐振；其中分频谐振时，由于电压互感器铁芯感抗很低，励磁电流急剧增大，从而可能引发高压侧保险熔断。

2. 非周期铁磁谐振机理

非周期铁磁谐振包括准周期铁磁谐振和混沌铁磁谐振。前者的电压波形呈非周期性，频谱表现为非连续但是有很多主要频率分量，并且其分布有一定的规律性，如图 3-11（b）所示，即频谱中任何主要频率都可以由两个不可公度的频率线性叠加而得；对于混沌铁磁谐振，其过电压水平高，对电力设备的危害很大，并且电压波形呈现非周期性，频谱成分极为复杂。当非周期谐振的主要频率是分频时，同样会导致电压互感器高压侧流过很大的励磁电流，从而引发保险熔断。

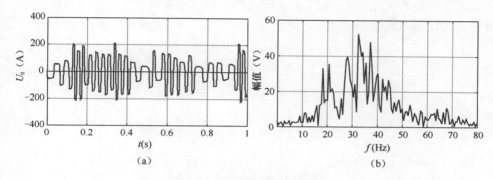

图 3-11 准周期谐振典型波形
（a）零序电压波形；（b）频谱分析

（二）低频非线性振荡原理

随着电容值的增加，铁磁谐振不易发生，但研究表明若发生单相接地故障，由于线路对地电容 C_0 储存的电荷只能通过中性点接地的电压互感器高压侧进行重新分配，导致电压互感器饱和，从而在电压互感器高压侧流过很大的电流，引发保险熔断，系统电压表现为低频的振荡过程，该过程也称为低频非线性振荡，其原理如图 3-12（a）所示。

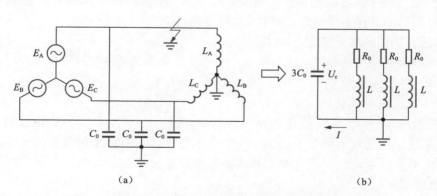

图 3-12 中性点不接地系统零序等值电路
（a）单相接地零序电路；（b）接地消失等效零序电路

系统正常工况下，电压三相对称，因此线路相对地电容（C_0）上电荷之和等于零；当线路某相（比如 A 相）发生单相接地时，非故障相（B、C 相）上升至线电压，该过程相当于对两相的对地电容进行充电；接地故障消失瞬间，三相 C_0 上的电荷之和不再为零，故障相电荷要流入，非故障相电荷要流出。在系统过渡到稳态过程中，多余的电荷通过电压互感器高压侧中性点构成回路。整个过渡过程的零序电路如图 3-12（b）所示。

R_0 为电压互感器的直流电阻与系统零序阻尼之和，电容上电压为 u_c，经电压互感器中性点入地电流为 I，单相接地消失后，根据基尔霍夫定律，流过电压互感器高压侧电流的振荡分量可由式（3-3）和式（3-4）求得，即

$$3C_0(L/3)\,\mathrm{d}^2 u_c/\mathrm{d}t^2 + 3C_0(R/3)\,\mathrm{d}u_c/\mathrm{d}t + u_c = 0 \tag{3-3}$$

$$i = -(1/3)\cdot 3C_0\,\mathrm{d}u_c/\mathrm{d}t \tag{3-4}$$

方程的解为

$$i = -e^{-\delta t}\left[\frac{U_c}{\omega_1 L}\sin\omega_1 t + I\left(\cos\omega_1 t - \frac{\delta}{\omega}\sin\omega_1 t\right)\right] \tag{3-5}$$

$$\delta = R/2L$$

$$\omega_1 = \sqrt{\left(\omega_0^2 - \delta^2\right)}$$

$$\omega_0 = 1/\sqrt{LC_0}$$

式中：δ 为衰减指数；ω_0 为谐振角频率；ω_1 为固有振荡角频率。

对于配电网常用的 JDZX 型电压互感器，其线电压下的励磁感抗值经测量约为 1.1MΩ，换算得到的电感值为 3500H，电压互感器直流电阻通常约 2000Ω。以电容电流范围为 1 ~ 100A（对应的 C_0 范围为 0.18 ~ 18.39μF）为例，计算得到的低频非线性振荡频率范围为 0.63 ~ 6.34 Hz。其衰减常数为：$\tau = 1/\delta = 2L/R = 3.5\mathrm{s}$。由于振荡过程中铁芯的饱和程度逐渐降低，即 L 增大，导致 ω_1 减小，因此低频非线性振荡的过程中频率会表现为逐渐减小的趋势。

（三）消谐的常见措施

根据国内外文献和现场应用经验，消谐措施主要包括改变系统参数和增加系统阻尼两个方面。

1. 改变系统参数

改变系统参数的依据是 Peterson 试验曲线。由于当 $X_{C0}/X_m < 0.01$ 或者 $X_{C0}/X_m > 2.8$ 时，系统将不再发生谐振。对于 $X_{C0}/X_m > 2.8$，此时 C_0 非常小，在实际系统中几乎不可能达到，因此改变系统参数主要是使 $X_{C0}/X_m < 0.01$，主要有以下几方面的措施。

（1）采用高饱和点的电压互感器。常见的方案是在 10kV 系统中使用拐点高的电压互感器、110kV 及以上系统采用电容式电压互感器。这种方法虽然可以降

低谐振发生的概率，但一旦发生谐振，过电压、过电流将会更大；若选择电容式电压互感器，对于 10kV 配电网而言，经济性不满足要求。

（2）中性点经消弧线圈接地。该措施相当于在电压互感器并联一个电感值远小于其励磁电感的电感元件，从而完全打破参数匹配的关系，使铁磁谐振不易发生。这种方案的局限性在于系统临时在中性点不接地方式下运行时，不能完全防止电压互感器谐振。

（3）4PT 法接线。该措施的核心在于单相电压互感器一次中性点加一个零序电压互感器，这样在发生单相接地故障时，零序电压互感器承受相电压，而主电压互感器仍处于正序对称电压之下，互感器铁芯不会进入饱和区，从而实现抑制铁磁谐振发生。

1）接线方式一。最初的 4PT 接线方式如图 3-13（a）所示。

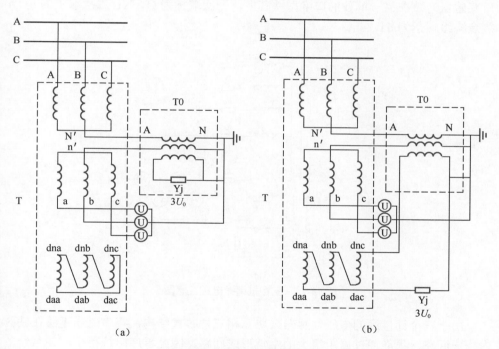

图 3-13　4PT 接线方式

（a）接线方式一；（b）接线方式二

其中 T 为三个单相电压互感器，T0 为零序电压互感器。T 部分的 AN′、BN′、CN′ 为单相电压互感器的高压侧绕组，an′、bn′、cn′ 为低压侧绕组；T0 部分的 AN 为零序电压互感器的高压侧绕组，an、da-dn 为低压侧绕组；U_a、U_b、U_c 输出系统的单相电压，用于计量以及继电保护；T 部分的开口三角短路，相当于将三个单相电压互感器的零序回路短接，从而使系统零序电压全部施加在零序电压互感器上；T0 的 **da-dn** 端口输出系统的零序电压，用于系统保护。

这种接法可以有效地抑制铁磁谐振，然而二次侧开口三角短接后，在抑制谐振过程中会有很大的环流，容易造成开口三角因热容量不够而烧坏。

2）接线方式二。针对方式一的缺点，对 4PT 接线进行两方面的改进，如图 3-13（b）所示：①将主电压互感器开口三角回路与零序电压互感器的辅助绕组串联后接电压继电器；②零序电压互感器额外增大直流电阻与交流励磁阻抗。

改进接线后，由于零序测量回路包含了三相电压互感器的少部分零序电压，测量更加准确，而由于开口三角开路，避免了谐振时绕组烧坏。

3）接线方式三。这种接线方式又称为三相抗谐振电压互感器。如图 3-14 所示，其中计量部分的三个电压浇注体套在三相芯柱上，一次绕组内部 Y0 连接，高压侧为 A、B、C，中性点为 N；二次侧也为 Y0 连接。而抗谐振部分（零序电压互感器）装在另一单独的口字型铁芯上，一次端标为 O、N；二次端子为 o、n；剩余绕组端子为 da、dn。

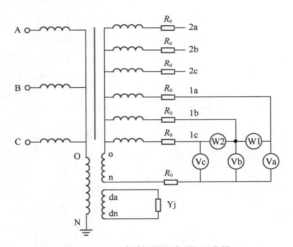

图 3-14　三相抗谐振电压互感器

由于三个计量用的电压互感器采用三相三柱芯式结构，零序磁通无法在铁芯内构成回路，只能通过磁阻很大的空气形成回路，因此零序阻抗很小，使系统的绝大部分零序电压加在零序电压互感器上。零序电压互感器采用独立的口字型铁芯，使零序磁通能在铁芯内流通。这种结构的 4PT 接线利用零序磁路小的特征代替了开口三角短接的情况，使系统接线简化，同时又能很好地达到消谐的效果。

2. 增加系统阻尼

图 3-15 是谐振时的等效回路。假设 R'_t 为电压互感器本身的电阻，理论计算以及试验均表明，对于给定的电压互感器励磁曲线和电源电压，再外接一个电阻 R，当外接电阻与本身电阻之和 $R_0=（R'_0+R）$ 大于某个临界值时，无论对地电容

值为多大，均不会发生铁磁谐振。增加系统阻尼的原理是消耗谐振的能量，主要包括以下两大类措施。

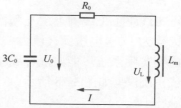

（1）电压互感器的开口三角形绕组接阻尼电阻。在开口三角形绕组两端接上电阻，相当于在电压互感器高压绕组并联一个电阻，如图3-16所示，其中 $R_{eq}=K_{13}^2 r$，K_{13} 为电压互感器一次绕组与开口三角形绕组间的变比。R_{eq} 与电压互感器励磁电感相并联，一旦系统发生铁磁谐振，电感起的作用将变小，谐振能量通过电阻释放，所接电阻越小，则非线性电感对电路的影响也越小，就越能抑制谐振的发生。

图 3-15　电压互感器谐振等值电路

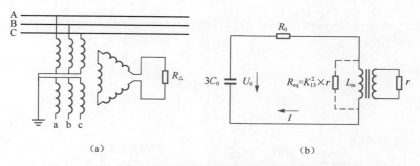

（a）　　　　　　　　　　　　　　（b）

图 3-16　开口三角形绕组接电阻

（a）示意图；（b）等值电路图

在间歇弧光接地时，阻尼电阻的存在会导致电压互感器高压侧电流显著增大，容易烧毁电压互感器，此外开口三角接阻尼电阻会引入一定的零序电压计量误差，因此目前常用的办法就是在谐振发生后的短时间投入此阻尼电阻。

（2）电压互感器一次中性点接入消谐电阻。该方法简称为一次消谐，通过在电压互感器一次绕组中性点与地之间加装一种非线性电阻消谐阻尼器件，从而达到抑制谐振的效果。常用的有压敏型和热敏型消谐器，其中压敏型消谐器由 SiC 压制而成，正常情况下电阻较大，当中性点存在电压时，其电阻下降到十几欧姆；热敏型消谐器的伏安特性则恰恰相反，由于采用 PTC 型材料，常温时电阻 40kΩ 左右，当温度超过临界温度时，电阻突然上升，可达 160kΩ，从而将阻尼谐振。

二、开关式消弧过程中电压互感器电流的暂态仿真计算

（一）不接地系统仿真模型的建立

以某变电站 10kV 系统频繁发生的事故为例，系统主接线如图 3-17 所示。

10kV 母线三相电压互感器高压侧中性点直接接地，无消谐措施；采用新型开关式消弧设备（低励磁阻抗变压器接地装置）代替传统的消弧线圈；该型装置

在全省共安装了 20 余套；该变电站总共有 4 段母线，各加装一套开关式消弧装置，其中Ⅰ段、Ⅲ段分别有 6 条和 4 条 10kV 线路，Ⅱ段、Ⅳ段处于热备用状态，不带线路。母线侧电压互感器的型号为 JDZX9，该系列电压互感器的额定电压因数为 1.9，电压标幺值为 1.5 时，铁芯线性度很好。忽略备用的两段母线，考虑到实际系统可能出现母线并列运行的情况，基于 ATP-EMTP 软件建立了双母线系统模型如图 3-18 所示。

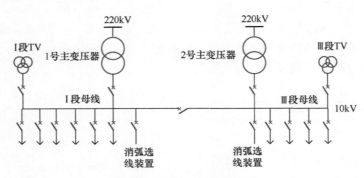

图 3-17　系统 10kV 接线简图

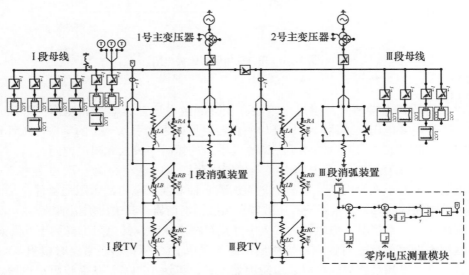

图 3-18　双母线配网模型

系统中各个元件的设置介绍如下。

1. 主变压器模型

采用 ATP 中的 BCTRAN 模型来模拟主变压器，参数来源于出厂测试报告；输入参数有铁芯类型、高中低绕组电压等级以及出厂试验中的空载实验和短路实验等数据。

2. 线路模型

不接地系统中，线路包括电缆线路和架空线路，都可以用 ATP-EMTP 中的 LCC 模型。对于电缆，ATP-EMTP 中有单芯电缆（single core pipe）和金属铠装电缆（enclosing pipe）两种电缆模型，主要区别在于三相外是否有钢管包裹。前者主要用来模拟单芯电缆，后者主要模拟 110kV 及以上电压等级的油绝缘电缆。由于内外护套间有金属护带，类似于 enclosing 模型中的外钢管，因此采用该模型更能接近实际情况。图 3-19 为两种模型下 10km 长电缆的单相接地电容电流，结果表明两者非常接近，这是由于金属屏蔽层都是接地的，电容主要取决于导体与金属屏蔽层间的介质参数与距离，因此采用两种模型对电缆对地电容的影响并不大。本书采用 enclosing pipe 模型计算未知电容电流参数的线路模型。对于架空线路，采用 LCC 中的架空线路（overhead line）模块，线路参数参考实际线路参数。

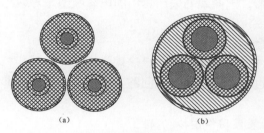

图 3-19　电缆模型

（a）单芯电缆；（b）金属铠装电缆

由实际线路参数，计算得到两段母线所带出线的电容电流值分别为 25A 与 9A，实际采用电容电流测试仪测量的数据分别为 23.4A 和 7.2A，换算至单相电容值 C_0 分别为 4.1μF 和 1.37μF。图 3-20 为两种模型下电容电流大小比较，表 3-1 为三芯电缆实际参数。

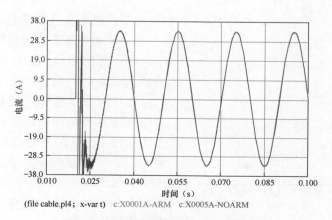

(file cable.pl4; x-var t)　c:X0001A-ARM　c:X0005A-NOARM

图 3-20　两种模型下电容电流大小比较

表 3-1　三芯电缆实际参数

结构	导体			绝缘			屏蔽				外护套
屏蔽结构	材质	截面积（mm²）	外径（mm）	材质	厚度（mm）	外径（mm）	导体屏蔽厚度（mm）	绝缘屏蔽厚度（mm）	绝缘屏蔽外径（mm）	金属屏蔽	外径（mm）
分相屏蔽	铜	300	20.6	交联聚乙烯	4.5	31	0.7	0.8	32.6	铜带屏蔽	78.4

　　ATP 中的 LCC 线路模型可以模拟各种参数的电缆以及架空线路模型，然而到实际系统中出线复杂，往往有十几回线路，并且电缆架空线混合架设的情况越来越普遍，导致参数往往不容易获取，考虑到整个系统的电容电流却很容易通过电容电流测试来获取，因此本书采用集中的电容模型来等效已经过实测的电容电流值的线路。

　　3. 配电网负载模型

　　配网负载用中性点不接地的 R-L-C 表现为感性的元件代替，由于谐振或低频非线性振荡的暂态过程只发生在零序回路，因此负荷模型的参数对结果几乎没有影响。

　　4. 开关式消弧装置动作模拟

　　由前述分析可知，开关式消弧装置的快速性可以保证瞬时性的电弧在重燃前便消失，因此可以用一个过渡电阻来表示稳定的燃弧过程。一段时间后（如50ms）母线段通过接地旁路开关进行金属或者小电阻接地，在接地旁路开关接地期间瞬时性的接地故障消失（过渡电阻退出），因此在接地开关分闸后系统恢复正常。整个过程采用时控开关控制，考虑到该变电站的开关式消弧装置通过低励磁阻抗接地变压器接地，其接地阻抗可用 1Ω 的电阻与 3.33mH 的电感串联来模拟。

（二）电压互感器模型的改进

　　1. 单相电压互感器模型

　　电压互感器模型的精确与否直接影响仿真结果的准确性，由于在正常工作时，电压互感器近似于空载，因此目前的仿真通常将单相电压互感器等效为一个非线性电感（ATP-EMTP 中的 93 型电感）与一个电阻串联，并用峰值磁链 - 电流曲线表征其非线性，如图 3-21 所示，数据可由实际电压互感器空载电压电流有效值转化而来。

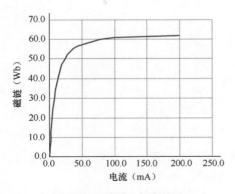

图 3-21　磁链 - 电流数据

为了获取准确参数，针对电网中常用的电压互感器，选取四台来测量其励磁特性。试验时，将电压施加在电压互感器二次侧剩余绕组，接线原理如图3-22所示，一次绕组、其他二次绕组均开路且尾端接地，铁芯及外壳接地。试验步骤为：

（1）对电压互感器进行放电，并将高压侧尾端接地，拆除电压互感器一次、二次所有接线（或做隔离处理）。加压的二次绕组开路，非加压绕组尾端、铁芯及外壳接地。

（2）根据电压互感器最大容量计算出其最大允许电流，按图3-22接线。

（3）合上电源，调节调压器缓慢升压，按要求施加试验电压，并读取各点试验电压的电流。在此过程中应注意试验电流不超过电压互感器最大允许电流。

（4）读取电流后立即降压，电压降至零位后切断电源，将被试品放电接地。

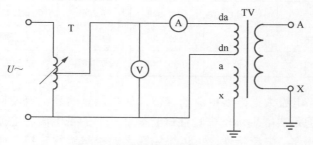

图 3-22　励磁特性试验接线图
T—调压器；V—电压表；A—电流表；TV—电压互感器

可见磁链-电流数据的误差直接影响仿真结果的准确性，以某实际变电站内用的 JDZX14-10A 型电压互感器测量为例，测量在二次侧辅助绕组进行，采用示波器将二次侧施加的电压、电流（为提高精度，将电流放大两倍）波形记录，同时读出有效值，具体伏安特性数据如表3-2所示。

表 3-2　单相电压互感器伏安特性测量

二次侧辅助绕组		电流放大两倍	换算到一次绕组			逐点递推法反演
电压（V）	电流RMS（A）	峰-峰值（A）	电压（V）	电流（RMS, mA）	峰值（mA）	峰值（mA）
6.67	0.48	1.28	1155.289	1.397	1.848	1.976
16.67	0.79	2.32	2887.356	2.289	3.349	3.270
26.67	1.07	3.16	4619.424	3.089	4.561	4.508
33.33	1.27	3.76	5772.980	3.666	5.427	5.500

二次侧辅助绕组		电流放大两倍	换算到一次绕组			逐点递推法反演
电压（V）	电流 RMS（A）	峰-峰值（A）	电压（V）	电流（RMS, mA）	峰值（mA）	峰值（mA）
36.67	1.35	4.04	6351.491	3.897	5.831	5.971
39.99	1.46	4.40	6926.537	4.215	6.351	6.509
43.33	1.60	5.10	7505.048	4.619	7.361	7.334
49.99	1.84	5.90	8658.605	5.312	8.516	8.265
53.33	1.99	6.40	9237.115	5.745	9.238	9.197
56.67	2.15	7.00	9815.626	6.206	10.104	10.052
60.00	2.36	7.80	10392.400	6.813	11.258	11.193
63.33	2.58	8.88	10969.180	7.448	12.817	12.519

由于磁链-电流数据需要电流的峰值，如果测量的是电流波形，则可以直接采用其峰值，但是实际现场伏安特性试验往往获取的是电压、电流的有效值，为了求得瞬时的磁链-电流特性，可以采用逐点递推法进行转换；通常的逐点递推法忽略了空载铁芯涡流和磁滞损耗，并忽略了绕组阻抗，将磁链-电流曲线进行分段线性化，如图 3-23（a）所示。

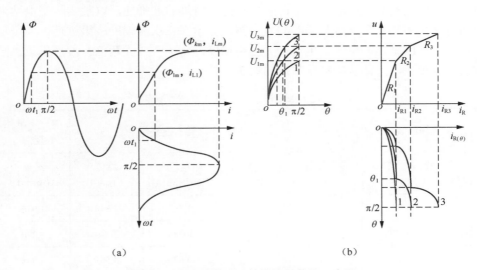

（a）   （b）

图 3-23 逐点递推法计算非线性曲线示意图
（a）非线性电感电压电流转换；（b）非线性电阻电压电流转换

由于施加的电压是正弦，因此电压、磁通的转化满足

$$\phi_{km}=U_{km}/\omega \tag{3-6}$$

磁链 - 电流的第一个线性段内，$i_L=\sqrt{2}I_{LRMS}$。ψ-i 的第 k（$k\geqslant2$）个线性段内，由 I_{LRMS} 可以得到电流的峰值；假设 $\phi(\theta)=\phi\sin\theta$，于是

$$I^2_{LRMS}=\frac{2}{\pi}\left\{\int_0^{\theta_1}\left(\frac{\phi_{km}\sin\theta}{L_1}\right)^2\mathrm{d}\theta+\int_{\theta_1}^{\theta_2}\left(i_{L1}+\frac{\phi_{km}\sin\theta-\phi_{1m}}{L_2}\right)^2\mathrm{d}\theta+\cdots\right.$$
$$\left.+\int_{\theta_{k-1}}^{\frac{\pi}{2}}\left[i_{L(k-1)}+\frac{\phi_{km}\sin\theta-\phi_{(k-1)m}}{L_k}\right]^2\mathrm{d}\theta\right\} \tag{3-7}$$

式中：I_{LRMS} 为电流 I_L 的有效值。

式中只有 L_k 是未知的，因此式（3-6）可以归纳为

$$a_L I^2_{LRMS}+b_L\frac{1}{L_k}+c_L=0 \tag{3-8}$$

式（3-7）为一元二次方程，其中，a_L、b_L、c_L 已知，很容易求得 L_k，继而求得电流的峰值为

$$i_{Lk}=i_{L(k-1)}+\frac{1}{L_k}(\phi_k-\phi_{k-1}) \tag{3-9}$$

依次可以计算出所有的电流峰值。采用逐点递推法后求得的数据与实际值对比如图 3-24 所示，可见逐点递推法的结果十分逼近实际值，可以较好地反推出实际的磁链 - 电流曲线。然而实际上铁芯是有磁滞损耗与涡流损耗，表现为有功性质，导致测量的电压电流值在相位上并不是相差 90°，因此铁芯应等效为以非线性电阻与非线性电感的并联模型，如图 3-25 所示。电阻支路的损耗可以直接用功率分析仪或功率表测量，也可以通过对电压电流波形的数据处理计算得到。此处根据有功功率的定义，采用数学方法对电压电流的瞬时值乘积序列在整数周期内进行积分。

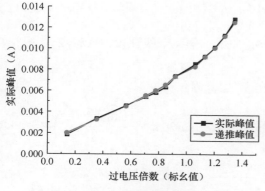

图 3-24　逐点递推值与实际值比较

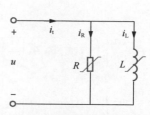

图 3-25　单相电压互感器模型

为了减小计算方式可能引入的误差，将电压和电流同时滤除基波以外的谐波，然后进行积分，得到有功损耗随电压变化的关系如图 3-26 所示。

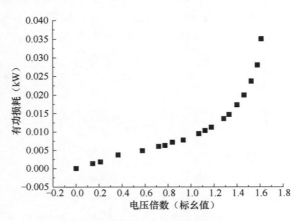

图 3-26　有功损耗随电压变化的关系

通过图 3-26，亦可采用逐点递推的方法求得非线性的 u-i_R 曲线。假设施加在变压器上的电压有效值为 u_{km}，瞬时值 $u(\theta)=\sqrt{2}\,u_{km}\sin\theta$，考虑到对称性，可以只考虑 1/4 周期。根据图 3-27（b）的非线性电阻 u-i_R 曲线，由分段线性化，可以得到

$$i_{R2}(\theta)=\begin{cases} U_{2m}\sin\theta/R_1 & ,\ 0\leqslant\theta<\theta_1 \\ i_{R1}+(U_{2m}\sin\theta-U_{1m})/R_2, & \theta_1\leqslant\theta\leqslant\dfrac{\pi}{2} \end{cases} \quad (3\text{-}10)$$

$$\theta_1=\arcsin\frac{U_{1m}}{U_{2m}} \quad (3\text{-}11)$$

$i_R(\theta)$ 和可以由 u-i_R 曲线得到，由此可以得到 $i_R(\theta)$ 在 1/4 个周期内的表达式，所以由功率的计算式可以计算出相应电压下的功率值，即

$$P=\frac{2}{\pi}\int_0^{\frac{\pi}{2}}u(\theta)\,i_R(\theta)\,\mathrm{d}\theta \quad (3\text{-}12)$$

与求磁链 - 电流曲线类似，在 u-i_R 曲线的第 k 个线性段内（$k\geqslant2$），根据功率的定义可得

$$u(\theta)=U_{km}\sin\theta \quad (3\text{-}13)$$

$$P_k=\frac{2}{\pi}\left\{\int_0^{\theta_1}(U_{km}\sin\theta)\left[\frac{(U_{km}\sin\theta)}{R_1}\right]\mathrm{d}\theta+\int_{\theta_1}^{\theta_2}(U_{km}\sin\theta)\left(i_{R1}+\frac{U_{km}\sin\theta-U_{1m}}{R_2}\right)\mathrm{d}\theta+\cdots\right.$$
$$\left.+\int_{\theta_{k-1}}^{\frac{\pi}{2}}(U_{km}\sin\theta)\left[i_{R(k-1)}+\frac{U_{km}\sin\theta-U_{(k-1)m}}{R_k}\right]\mathrm{d}\theta\right\} \quad (3\text{-}14)$$

$$\theta_j = \arcsin (U_{jm}/U_{km}), j=1,2,\cdots, k-1 \tag{3-15}$$

式（3-14）中的未知量只有 R_k，容易算出；在每一段内计算，便可得到所有的 i_R。由表 3-2 的测量数据，在 matlab 里面编程迭代计算，得到模拟磁滞涡流损耗的电阻的伏安特性曲线，如图 3-27（a）所示。可见表征有功损耗的电阻并不是线性的，而是具有一定的饱和特性。若考虑磁滞和涡损电阻，由图 3-27（b）可知，电感模型磁链 - 电流曲线的饱和特性更明显。事实上，用两种模型计算铁磁谐振时，电压互感器一次电流幅值可以相差 19.5%。

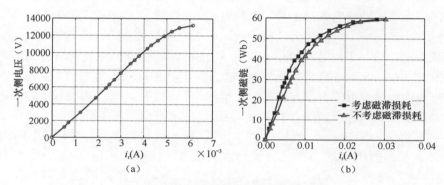

（a）　　　　　　　　　　　　　（b）

图 3-27　电压互感器模型参数求取结果

（a）非线性电阻的伏安特性曲线（有效值）；（b）非线性电感的励磁特性曲线（峰值）

2. 三相抗谐振组式 4PT 模型

该型电压互感器本质上属于 4PT 接线的一种方式，只是将 3 个单相电压互感器改进为三相三柱式电压互感器，系统零序电压依然靠一个独立的零序电压互感器承担。当系统中性点产生位移时，单相电压互感器仍处于相电压下，铁芯仍然处于线性区，从而达到抑制铁磁谐振的效果。由于任何情况下三相电压互感器不需要再承受线电压，因此其额定电压因数可以定为正常相电压，铁芯可以做小，这样在同等容量情况下减小了设备的体积，保证了经济性，具体的接线图如图 3-28 所示。

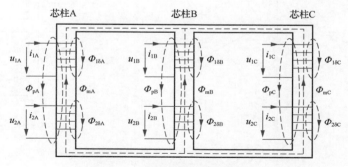

图 3-28　三相三柱式互感器磁路

可见，该类型的电压互感器可以分两部分建模。对于三相三柱式部分，实质为一负载功率很小的变压器，暂态模型可以参考三相三柱式变压器，其磁路如图 3-28 所示：u_1、i_1 分别为一次侧各绕组端电压和绕组电流，u_2、i_2 分别为二次侧各绕组端电压和绕组电流；$\Phi_{1\delta}$ 和 $\Phi_{2\delta}$ 为只交链 1 个绕组的漏磁通，Φ_p 为同时交链每相 2 个绕组的漏磁通；Φ_m 为绕组主磁通，完全在铁芯内闭合；Φ_1 和 Φ_2 为各绕组交链的总磁通。

基于磁路分析可以得到三相三柱式变压器等效电路模型如图 3-29（a）所示。其中 L_{pA}、L_{pB}、L_{pC} 对应的磁通只能通过各芯柱，空气形成闭合回路，因此电抗很小，即为零序励磁电感；正常的三相电压下，二次侧接微机保护装置、电子计量装置，功率很小，可以视为空载运行，i_{da} 为空载励磁电流；不对称电压下，i_{da} 为空载励磁电流与不对称环流的和。图 3-29（a）所示模型主要针对电力大容量变压器，且在仿真中不容易实现与零序电压互感器的连接。考虑到本书主要关注单相接地消失过程中的电压互感器一次电流，受零序回路参数影响较大，而电压互感器在正常工作时的励磁电流很小，因此为了便于计算和实际建模，将图 3-29（a）电路简化为 3-29（b）所示的模型，其中 $L_0=(L_{pA}L_{pB}L_{pC})^2$。根据图 3-29(a)，在二次侧 A 相加压 u_{2A}，其他相以及一次侧开路，测得 A 相电流 i_{2A}，B、C 相电压 u_{2B}、u_{2C}，得到 $L_{AA}=n^2u_{2A}/i_{2A}$，$L_{AB}=n^2u_{2B}/i_{2A}$，$L_{AC}=n^2u_{2C}/i_{2A}$；同理可以求得 L_{BC}，而零序参数 $L_p=L_{AA}-L_{AB}-L_{AC}$；测量数据如表 3-3 所示。

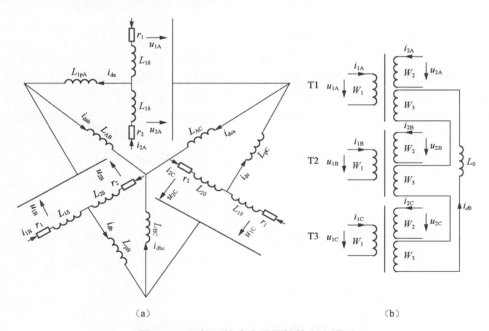

（a）　　　　　　　　　　　　　　　　（b）

图 3-29　三相三柱式变压器等效电路模型

（a）基于磁路的等效模型；（b）由单相变压器组成的简化模型

由表 3-3 可知，与自感值相比，零序电感很小，测量误差（忽略绕组漏感和电阻）很容易导致零序电感计算的不准，因此还需要精确测量 L_p。

表 3-3　三相三柱式互感器模型参数测量

U_A（V）	I_A（A）	U_B（V）	U_C（V）	L_{AB}（H）	L_{AC}（H）	L_{AA}（H）	L_{PA}（H）
10.5	0.0341	8.4	1.2	7841.30	1120.19	9800.13	838.64
20.6	0.0581	17.3	2.8	9478.35	1534.07	11286.69	274.27
30.4	0.0795	25.1	4.4	10050.08	1761.77	12152.99	341.14
41.1	0.1067	34.4	5.8	10262.59	1730.32	12249.68	256.77
50.7	0.155	43.0	6.7	8830.79	1375.96	10401.01	194.25

为此，通过正序短路试验和零序开路试验便可获取更精确的零序参数。其中正序短路试验在高压侧进行，低压侧短路接地，加压使高压侧电流达到额定电流，测量三相有功功率 P_k、高压侧电压 U_k 和电流 I_k，低压侧电流 i_k，于是有

$$
\begin{cases}
X_H = \sqrt{(U_k/I_k)^2 - [P_k/I_k^2]^2} \\
R_H = \gamma \dfrac{P_k}{I_k^2} \\
R_L = \dfrac{1-\gamma}{n^2} \dfrac{P_k}{I_k^2}
\end{cases}
\tag{3-16}
$$

式中：P_k 为每一相的有功功率；n 为绕组匝数比值；γ 为高压侧电阻百分率；X_H 为高压侧电抗。忽略低压侧的漏抗，低压侧线圈绕组已测得为 0.2Ω，试验测量数据如表 3-4 所示。根据电压电流波形积分，得到三相有功功率分别为 0.5179、0.542、0.395W，平均有功功率为 0.48W，电流的平均值为 10.3mA，低压侧绕组的电阻为 0.2Ω，折算到高压侧为 2000Ω，高压侧绕组的电阻为 2530Ω，此外 X_L=1876Ω。

表 3-4　三相短路试验数据

相别	高压侧电压（V）	高压侧电流（mA）	低压侧电流（A）
A	50.6	10.9	1.05
B	50.9	11.3	1.05
C	51.3	8.9	0.88

零序开路试验原理图如图 3-30 所示，试验在低压侧进行，施加单相电压，高压侧开路。测得电压电流以及相角差。数据如表 3-5 所示，可以计算互感器的零序电感 L_0。

表 3-5　零序开路试验数据

电压（V）	3.1	3.5	5.1	6.0	7.0	8.1	9.0	10.1	10.9
总电流（A）	3.68	3.95	5.70	6.69	7.60	8.81	9.68	10.60	11.42

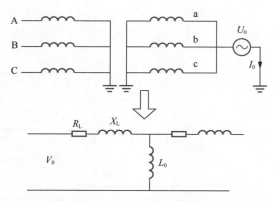

图 3-30　零序开路试验接线及等效电路图

对波形进行分析，在 10.9V 时电压超前电流 85.9°，于是计算得低压侧 r_L + jX_{L0} = 10.9 $\angle 85.9°$ / (11.42/3) = 0.2 + j2.86；高压侧 L_{H0} = 2.86×100²/314.15 = 91.04H，低压侧 L_{L0} = 91.04/100² = 0.0091H。可见高压侧零序感抗为 28.6kΩ，而通常零序电压互感器的励磁阻抗为兆欧级（1000kΩ），两者相差很大，因此系统的零序电压几乎全部加在零序电压互感器之上。第二部分是一个单相电压互感器，搭建如图 3-31 所示电路模型。

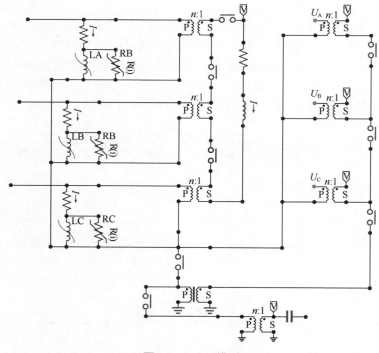

图 3-31　4PT 模型

（三）开关式消弧中电压互感器保险熔断机理的仿真

假设瞬时性的单相接地故障发生在某出线，接地过渡电阻为 10Ω；40ms 内快速接地开关合闸并保持 200ms，在合闸保持的 200ms 内，由于介质场强恢复大于电压恢复，故障消失，过渡电阻在 20ms 后退出；在 200ms 后接地开关分闸，系统接地故障消失。考虑到分频谐振和低频非线性振荡时电压互感器的一次侧电流较大，可能对保险造成冲击，此外随着电缆的大量运用，系统的电容电流较大，基频和高频谐振已很难发生，因此本章从分频谐振和低频非线性振荡两种暂态过程进行仿真。

1. 分频谐振

采用图 3-31 的仿真模型，母联开关断开，模拟常见的配电网母线分列运行，得到系统故障消失后仿真波形如图 3-32 所示。仿真时，采用该变电站的三台 JDZX9 系列电压互感器的励磁特性数据，其线电压下的感抗平均为 1.14MΩ，电压互感器直流电阻取 1000Ω，单相对地电容为 0.18μF，相当于大部分线路断开，计算得到的 X_{C0}/X_m 值为 0.0136（>0.01），落在分频谐振的范围之内。假设 I 段出线 0.2s 发生了接地故障，消弧装置 0.24s 时刻母线侧接地，故障 0.26s 消失，而 0.41s 时刻分闸（此时故障已经消失）。仿真步长为 5×10^{-6}s，仿真时间为 2s。由图 3-33 可知，系统激发了明显的 1/3 分频谐振，电压峰值为 17.35kV，过电压标

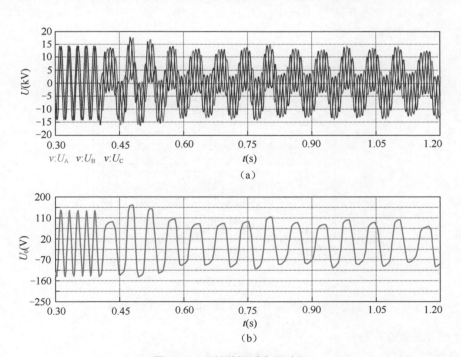

图 3-32　分频谐振时电压波形
（a）系统三相电压；（b）系统零序电压

幺值为2.1，不会危及系统绝缘。三相电压互感器高压侧的电流表现为尖顶波，A相的幅值最大，达到了1.04A。

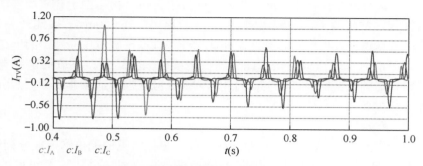

图 3-33　分频谐振时电压互感器一次侧电流

对于 10kV 系统中常用的 XRNP1-12-0.5A 型熔断器，其不同额定电流系列产品的安秒特性曲线如图 3-34 所示，可见当电流的有效值达到 8A 时，在 0.02s 内熔断器便会熔断；当电流有效值达到 4.5A 时，在 0.1s 内熔断器便会熔断。对 A 相电流求均方根，得到 0.02s 与 0.1s 内的电流值分别为 0.10A 和 0.30A，此情况下电流皆小于额定电流，电压互感器保险不会熔断。然而由于谐振时电流稳定的，如此大的电流长期作用在电压互感器一次侧，会造成电压互感器的绕组过热，甚至引发爆炸。

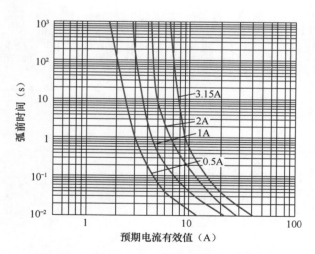

图 3-34　XRNP1-12-XA 型熔断器安秒特性曲线

2. 低频非线性振荡

实际上系统出线较多，系统分列运行，Ⅰ 段单相对地电容增大到 4.1μF（由 23.4A 电容电流换算），计算得到的 X_{C0}/X_m 值为 0.0006（<0.01），脱离了铁磁谐

振的范围。同样假设Ⅰ段出线发生了接地故障，消弧装置0.24s时刻母线侧接地，故障0.26s消失，而0.41s时刻分闸（此时故障已经消失），得到系统仿真波形如图3-35所示。

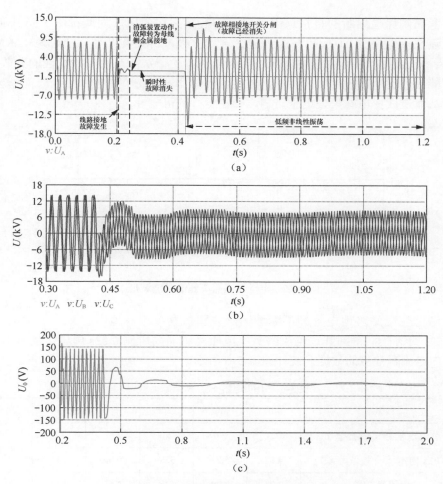

图3-35 三相电压和零序电压波形

（a）开关式消弧过程中A相电压；（b）接地开关分闸后三相电压；
（c）接地开关分闸后系统零序电压

图3-35为典型的开关式消弧过程，线路发生瞬时性故障时，故障相电压有一定残压，而接地开关合闸后残压减小，几乎为零，使得故障点恢复电压持续低于介质场强恢复过程，故障消失；在接地开关分闸后的瞬间，由于系统参数不匹配，并没有激发出铁磁谐振，而只是有0.3s的短暂振荡并且系统迅速恢复至正常稳定状态，期间的过电压标幺值约为1.9，不会危及系统的绝缘。由零

序电压的特征可知该过程为低频非线性振荡。接地故障发生时，电压互感器三相高压侧电流为励磁涌流，幅值不超过 0.5A，不足以引发保险的熔断然而，接地消失瞬间电流幅值很大，虽然在 0.2s 内很快衰减，但三相中幅值最高的 A 相达到了 8.85A。

考虑到保险熔断的直接原因是电流的热量累积效应，为此对图 3-36 中的 A 相电流在接地消失 0.02s 和 0.1s 内进行求均方根，得到其大小分别约为 4.68A 和 2.73A，已经比较接近对应时间下的熔断电流，由于实际产品安秒特性的分散性，很可能导致保险在短时间内熔断，若电压互感器励磁特性更差，熔断时间则会更短，从而造成变电站失去电压监测，影响运行的可靠性。

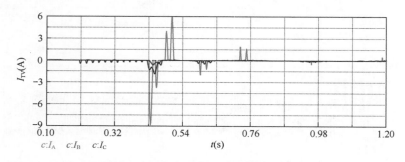

图 3-36　电压互感器高压侧电流波形

考虑变电站对地电容的不断增大，分别仿真单相对地电容 8、12、16、20、24μF 时的情况，得到其过电压倍数、电压互感器高压侧 0.02s 内电流的有效值、0.1s 内电流有效值的数据，统计如表 3-6 所示。

表 3-6　不同电容下仿真结果比较

参数	4μF	8μF	12μF	16μF	20μF	24μF
过电压倍数（标幺值）	2.0	2.0	2.0	2.0	2.0	2.0
0.02s 内电流有效值（A）	4.68	5.23	5.96	6.09	6.17	6.24
0.1s 内电流有效值（A）	2.73	3.29	3.96	4.47	4.91	5.28

由表 3-6 可知，随着单相对地电容的增大，低频非线性振荡的过电压不会增加，标幺值稳定在 2.0 左右，对系统的绝缘不会造成威胁，但是电压互感器高压侧电流在短时间内的有效值会逐渐增大，达到数安培的级别，极易造成电压互感器保险的熔断。

可见，系统对地电容较大时系统低频非线性振荡激发出幅值很大的涌流是造成开关式消弧装置动作后保险瞬时熔断的原因，而分频谐振情况下电流幅值虽然不至于让电压互感器保险熔断，但长期的过电流仍然会损坏电压互感器。

（四）电压互感器保险熔断的影响因素

1. 互感器励磁特性

由于仿真中将电压互感器铁芯等效为电阻与非线性电感并联的模型，通过非线性的磁链 - 电流数据来表征电感的饱和特性。实际上相关标准中电压互感器励磁特性试验所加电压一般最高不超过 2 倍的额定电压，此时铁芯虽然进入了饱和区，但未进入深度饱和区，为此仿真中只能对非线性电感励磁曲线进行线性插值预测，如图 3-37（a）虚线所示。

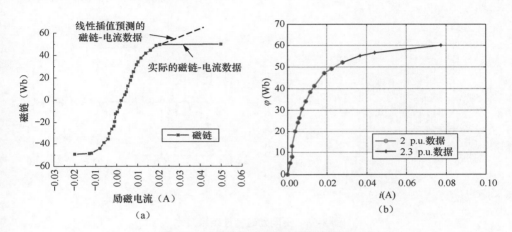

图 3-37　不同电压上限下测得的数据
（a）深度饱和区域磁链 - 电流曲线误差分析；（b）实际测量

由图 3-37（a）可知，当铁芯进入深度饱和区域时，曲线几乎呈现水平的趋势，其电感值要比线性插值预测后的值小很多，更远小于线电压下电感 X_m，由式（3-5）可知，L 越小，ω_1 越大，这也是一些文献中在计算低频非线性振荡时初始频率较低的原因。若 L 减小以至于使 X_{C0}/X_m 进入谐振区域，就有可能发生分频谐振。图 3-37（b）为励磁特性试验最高电压标幺值为 2 以及 2.3 下得到的非线性的磁链 - 电流数据，分别记为数据 1 和数据 2。

可见，在电压标幺值为 2 以上时，铁芯的电感迅速减小，曲线表现为饱和趋势越来越明显，将这两组曲线进行仿真，系统单相电容取 0.1μF，得到的仿真结果如图 3-38 所示。

由图 3-38 可知，两种数据下的仿真结果差别很大，前者在接地消失系统表现为稳定的分频谐振，电压互感器一次侧流过的电流为尖顶波，最大的峰值约为 0.27A；而后者的仿真结果表现为频率和幅值逐渐衰减的振荡，电压互感器流过的电流在接地消失后的 0.6s 内呈现为有明显间断角的涌流，幅值可以达到 3A。

同样，假设接地旁路开关 0.2s 时刻接地，设置在 0.41s 接地开关分闸，在电容值为 0.5、1、1.5、2μF 下进行仿真，结果对比如表 3-7 所示。

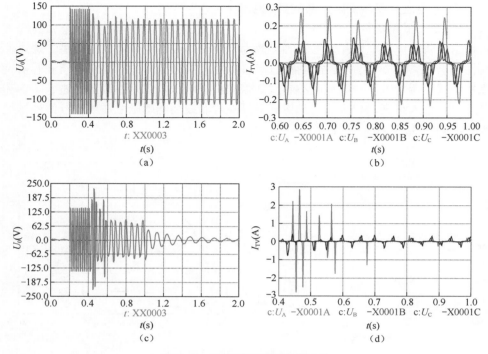

图 3-38 不同励磁特性结果对比
（a）采用数据 1 的电压仿真波形；（b）采用数据 1 的电流仿真波形
（c）采用数据 2 的电压仿真波形；（d）采用数据 2 的电流仿真波形

可见，电压互感器铁芯励磁特性的准确性极大地影响接地消失后暂态过程，若励磁特性试验电压范围不够，会导致曲线数据不全，导致系统分频谐振范围扩大，电压互感器流过的电流峰值也偏小。对 4.1μF 电容下某电压互感器的铁磁谐振进行仿真，得到的零序电压、电压互感器电流仿真波形如图 3-39 所示。

表 3-7　两组磁链 - 电流数据下仿真结果比较

C_0（μF）	0.5		1		1.5		2	
磁链 - 电流数据	数据 1	数据 2	数据 1	数据 2	数据 1	数据 2	数据 1	数据 2
暂态过程	低频非线性振荡	1/3 分频谐振	低频非线性振荡	低频非线性振荡	低频非线性振荡	低频非线性振荡	低频非线性振荡	低频非线性振荡
暂态时间（s）	5.0	∞	4.5	5.5	4.5	5	4.5	4.5
A 相电流（A）	3.69	1.47	4.60	3.1	5.34	3.56	5.78	3.83
B 相电流（A）	0.25	0.33	0.22	0.29	0.31	0.48	0.45	0.60
C 相电流（A）	1.25	0.88	1.35	1.22	1.41	1.26	1.45	1.29

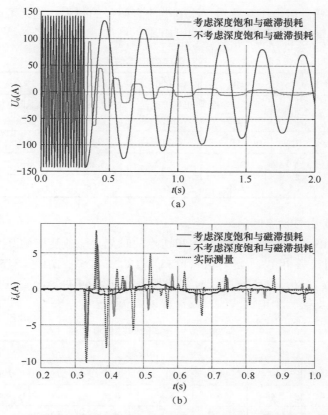

图 3-39 电压互感器高压侧电压、电流计算值与测量值
（a）零序电压波形比较；（b）电压互感器高压侧电流比较

由图 3-39 可知，若不考虑深度饱和特性，系统在发生低频非线性振荡时电压和电流的初始频率约 3 Hz，故障相电压互感器高压侧电流峰值约为 1A；然而实际试验中电压的初始频率达到了 17 Hz，实际的测量电流为一有明显间断角的冲击涌流，与仿真结果偏差很大。为此，通过伏安特性试验补充多组深度饱和时的磁链 - 电流数据，电压互感器一次侧电流仿真结果如图 3-39（b）所示，可见此时计算的电流更接近实际测量波形。由此可知，获取准确的深度饱和下铁芯励磁特性对于低频非线性振荡下的电流计算结果影响很大。

2. 零序阻尼

由于谐振与低频非线性振荡发生在零序回路，因此零序阻尼的影响很大。由等效电路可知回路中主要的零序阻尼是电压互感器一次侧的直流电阻。为此，改变电压互感器直流电阻，分别取 500、1000、2000、5000Ω 在 4.1μF 电容下进行仿真。仿真结果取暂态过程类型、过电压倍数、电流峰值和 0.1s 内有效值作为比较，结果如表 3-8 所示，可见随着零序阻尼的增大，发生低频非线性振荡的过电压倍数基本不变，但电压互感器一次侧电流有明显的减小，因此可以适当地提高电压互感器的直流电阻以抑制暂态的过电流。

表 3-8　不同零序阻尼下仿真结果

直流电阻（Ω）	500	1000	2000	3000	5000
暂态过程	低频非线性振荡	低频非线性振荡	低频非线性振荡	低频非线性振荡	低频非线性振荡
过电压倍数（标幺值）	2.0	2.0	2.0	2.0	2.0
0.1s 内电流峰值（A）	9.35	8.85	5.28	4.10	2.78
0.1s 内电流有效值（A）	2.86	2.73	1.68	1.22	0.85

3. 故障发生与切除时刻

C_0 取 4.1μF，改变接地故障发生和切除的时刻，即改变接地开关的分闸角和合闸角，分别在 A 相 0°、45°、90°、135°、180°、225°、270°、315°时刻单相接地，并在 135°、180°、315°、360°时刻故障消失，共 64 种情况下进行仿真，取故障消失后一次侧第一个电流峰值，结果如表 3-9 所示。

表 3-9　不同故障发生与切除时刻仿真结果（A）

消失	接地							
	0°	45°	90°	135°	180°	225°	270°	315°
135°	5.14	5.48	5.56	5.46	5.16	4.67	4.44	4.71
180°	−2.05	−1.93	−1.88	−1.94	−2.05	−2.19	−2.25	−2.18
315°	−3.94	−3.38	−3.19	−3.41	−3.94	−4.56	−4.74	−4.52
	2.18	2.24	2.26	2.23	2.20	2.05	1.99	2.06

由表 3-9 可知，不同故障发生与切除时刻对故障相的暂态电流有一定的影响，其中故障发生时刻的影响最大，而故障切除角度在当故障相在 [0° 180°) 区间和 [180° 360°) 区间时仿真结果基本相近；故障相在相角 90°（电压值为 0）接地，并在 [0° 180°) 区间消失时，电流幅值最大；当故障相在相角 90°（电压值为 0）接地，并在 [180° 360°) 区间消失时，电流幅值最小；其他情况下的结果介于最大与最小值之间。由此可见，改变接地开关的分合闸时间并不能显著降低这种冲击电流。

三、抑制电压互感器保险熔断措施的仿真与试验

配电网中为了抑制铁磁谐振，广泛采用改变系统参数和增加系统阻尼两大类措施。考虑到采用消弧线圈的消谐方式与开关式消弧在功能上存在重叠，因此不予考虑。由于这种开关式的消弧装置的选相和选线需要准确的采集电压的零序分

量，因此对两大类的抑制措施的效果进行仿真和相关高电压试验，并分析各种措施对系统零序电压采集精度的影响。

（一）改变系统参数

1. 采用高饱和点电压互感器

常见的 JDZX 系列单相电压互感器的伏安特性曲线在 1.5（标幺值）时有个明显的拐点，若采用拐点超过 1.9（标幺值）的电压互感器，其励磁曲线如图 3-40 所示。分别在 C_0 为 0.22μF 和 4.1μF 时进行仿真，两种情况分别代表分频谐振与低频非线性振荡，得到的系统零序电压波形如图 3-41 所示。

由图 3-40 可知，采用高饱和点的电压互感器可以抑制铁磁谐振的发生，但有个时长大于 5s 的过渡过程。同样，采用额定电压为 10kV 的单相电压互感器，进行多次单相接地消失试验，试验波形如图 3-41 所示。可见，采用饱和点高的电压互感器后，谐振很难发生，但存在较长的过渡过程，电压互感器高压侧的电流峰值远小于 0.5A，在几个工频周期内逐渐衰减。

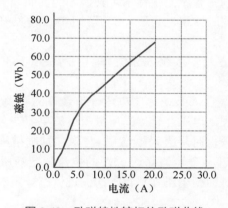

图 3-40　励磁特性较好的励磁曲线

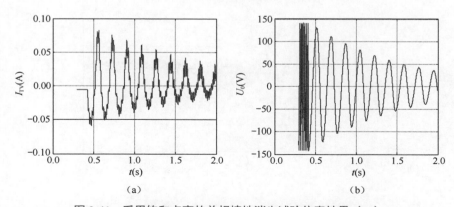

(a)　　　　　　　　　　　　(b)

图 3-41　采用饱和点高的单相接地消失试验仿真结果（一）

（a）电压互感器高压侧电流（C_0=0.22μF）；（b）系统零序电压（C_0=0.22μF）

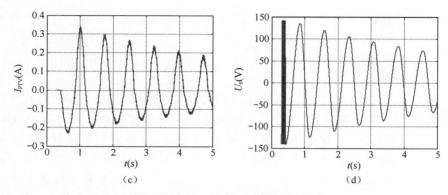

图 3-41　采用饱和点高的单相接地消失试验仿真结果（二）
（c）电压互感器高压侧电流（$C_0=4.1\mu F$）；（d）系统零序电压（$C_0=4.1\mu F$）

事实上，对于饱和点高的电压互感器，必须在更换系统中所有中性点接地的电压互感器，在保证同等容量的条件下，其铁芯的截面积势必要增大，线圈匝数要增多，成本增加，同时体积也会增大，不利于在变电站开关柜内的安装。

2. 4PT 法接线

采用第二章所述方式一接线进行仿真，在两种情况下得到的波形如图 3-42 和图 3-43 所示。

可见采用这种接线后，系统零序电压峰值在 0.5s 内降低到 30V 以下，系统有一个较长的过渡过程，电压互感器高压侧流过的电流在分频谐振时最大幅值为 0.2A，在低频非线性振荡时最大为 1.15A，与未加抑制措施相比大大减小，但是短接的开口三角会流过一个峰值高达 55A 的电流，容易引发过热而烧毁辅助绕组。可见该接线方式对抑制电压互感器一次侧过流有一定的效果，但是会对开口三角造成过热隐患。

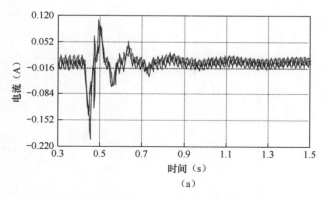

图 3-42　4PT 法方式一接线（一）
（a）电压互感器高压侧电流（$C_0=0.22\mu F$）

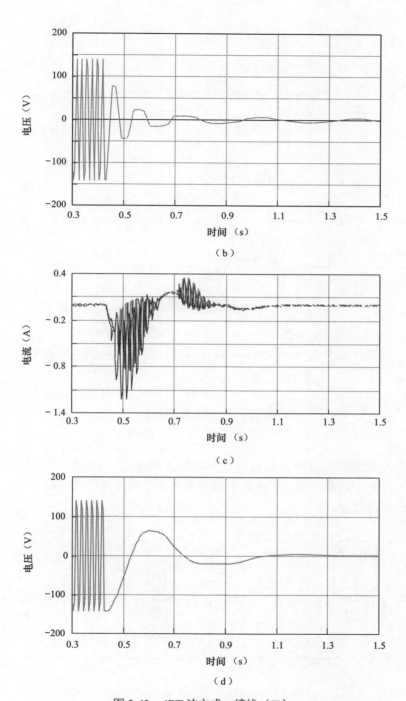

图 3-42　4PT 法方式一接线（二）
（b）系统零序电压（C_0=0.22μF）；（c）电压互感器高压侧电流（C_0=4.1μF）；
（d）系统零序电压（C_0=4.1μF）

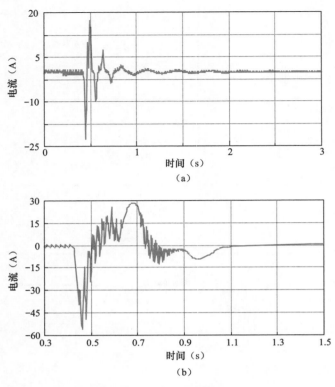

图 3-43　开口三角短时电流

（a）$C_0=0.22\mu F$；（b）$C_0=4.1\mu F$

同时采用方式二得系统的仿真波形如图 3-44 所示，由图可知，该方式下在消谐时同样有个过渡过程，但在抑制谐振和低频非线性振荡的同时，避免了开口三角形的环流发生。

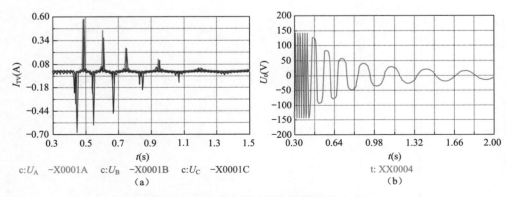

c:U_A −X0001A　c:U_B −X0001B　c:U_C −X0001C
（a）

t: XX0004
（b）

图 3-44　4PT 法方式二接线仿真波形（一）

（a）电压互感器高压侧电流（$C_0=0.22\mu F$）；（b）系统零序电压（$C_0=0.22\mu F$）

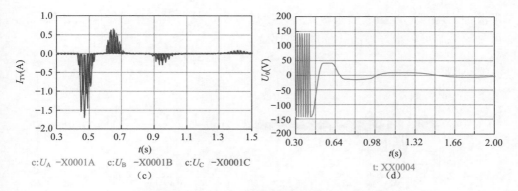

c: U_A –X0001A   c: U_B –X0001B   c: U_C –X0001C
（c）

t: XX0004
（d）

图 3-44   4PT 法方式二接线仿真波形（二）
（c）电压互感器高压侧电流（C_0=4.1μF）；（d）系统零序电压（C_0=4.1μF）

由图 3-44 可知，由于零序电压互感器增大了直阻，改善了励磁特性，加上三相三柱式互感器部分的零序阻抗很小，系统暂态过程中零序电压能迅速施加在零序电压互感器上，能较好地抑制铁磁谐振与低频非线性振荡，并显著减小电压互感器的暂态电流幅值（低于 0.3A）。

为了验证该类型的抗谐振 4PT 结构对电压互感器熔断器的保护以及对谐振和低频非线性振荡的抑制效果，采用目前供电局广泛使用的 JSZJK-10Q 型抗谐振电压互感器，在电压互感器高压侧串接 XRNP1-12-0.5A 型熔断器，试验接线如图 3-45 所示，分别在单相对地电容 4.05μF 与 0.22μF 下进行单相接地消失的试验，并对抗谐振一体式电压互感器进行仿真，波形如图 3-46 所示。

图 3-45   4PT 接线验证试验

图 3-47 为采用 4PT 接线后系统的电压电流录波，图 3-48 为故障相电压互感器高压侧的电流波形图。由图可以看出，采用抗谐振电压互感器后，系统在单相接地消失后可以迅速地恢复至正常情况，尤其当 C_0 为 4.05μF 时表现得很明显，而电容值为 0.22μF 时虽然有短暂的振荡迹象，但也是迅速衰减。此外由图 3-48 的电压互感器高压侧电流波形可以看出，电流峰值远小于 0.5A，并且不会出现

半波冲击电流，与仿真结果很吻合，经过多次试验，电压互感器保险均未熔断，可见该措施可以很好地防止烧保险的现象。

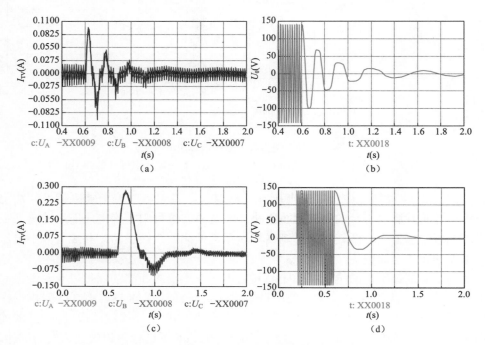

图 3-46　抗谐振一体式电压互感器仿真波形
（a）电压互感器高压侧电流（C_0=0.22μF）；（b）系统零序电压（C_0=0.22μF）
（c）电压互感器高压侧电流（C_0=4.1μF）；（d）系统零序电压（C_0=4.1μF）

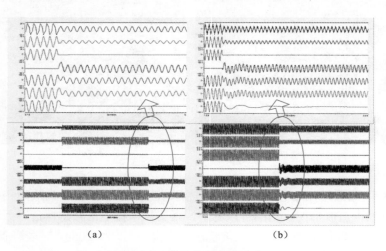

图 3-47　系统电压电流录波
（a）对地电容 4.05μF；（b）对地电容 0.22μF

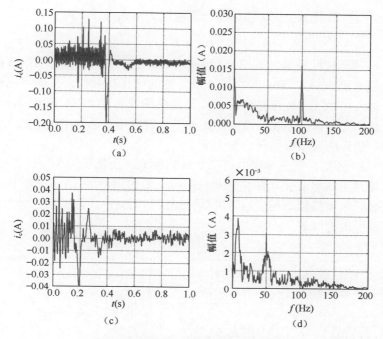

图 3-48　电压互感器高压侧电流波形

（a）电压互感器高压侧电流波形图（对地电容 4.05μF）；（b）滤波后频谱图（对地电容 4.05μF）；
（c）电压互感器高压侧电流波形图（对地电容 0.22μF）；（d）滤波后频谱图（对地电容 0.22μF）

（二）增加系统阻尼

1. 一次消谐

常用的一次消谐措施是在电压互感器中性点加装 LXQ10 型一次消谐器，如
图 3-49（a）所示，其本质为一非线性压敏电阻，在谐振时起阻尼的作用。

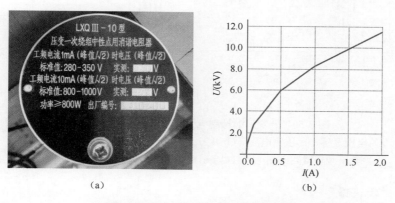

（a）　　　　　　　　　　　　　　（b）

图 3-49　LXQⅢ-10 型一次消谐器

（a）铭牌参数；（b）伏安特性曲线

压敏型一次消谐器伏安特性曲线一般近似为指数规律，即

$$U = kI^{\alpha} \tag{3-17}$$

其中 α 为非线性系数，其值一般为 0.5 左右。图 3-49（a）中铭牌参数一般会给出工频电流 1mA 以及工频电流 10mA 下的电压有效值，从而可以求得非线性系数 α 以及参数 k，最终得到的伏安特性曲线如图 3-49（b）所示。分别在分频谐振参数和大电容低频非线性振荡条件下，对电压互感器中性点加入消谐器后进行仿真，仿真结果波形如图 3-50 所示。

由图 3-50 可知，系统零序电压在 0.5s 内便衰减至低于 10V，过渡时间很短，电压互感器高压侧电流在 0.5s 内也迅速衰减，最大幅值为 1A 左右。因此一次消谐可以快速有效地抑制单相接地消失后的谐振和低频非线性振荡，对电压互感器过流也有较好地抑制效果。

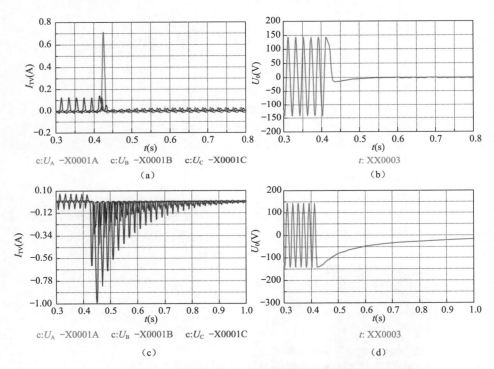

图 3-50　一次消谐抑制电压互感器过流的仿真结果
（a）电压互感器高压侧电流（$C_0=0.22\mu F$）；（b）系统零序电压（$C_0=0.22\mu F$）
（c）电压互感器高压侧电流（$C_0=4.1\mu F$）；（d）系统零序电压（$C_0=4.1\mu F$）

2. 二次消谐

二次消谐的关键在于谐振检测的准确性以及投入的快速性，常用原理是采集系统零序电压幅值，当检测到零序电压超过整定值时，认为系统发生了谐振，于

是短时将电压互感器开口三角经电阻短接,以某公司的产品为例,其消谐电阻值设置为2Ω,为了防止永久性的单相接地发生时使电压互感器开口三角长期处于短路状态,设定短接时间为200ms。

假设二次消谐的判断时间为40ms,仿真电压、电流波形如图3-51(a)和图3-51(b)所示,当满足分频谐振的条件时,系统在接地消失后有短时的分频谐振,但在40ms开口三角接阻尼电阻的瞬间零序电压迅速衰减,在10ms内系统很快地恢复至正常电压,而电压互感器高压侧电流在接地消失瞬间有较大的冲击电流,但随后迅速衰减。假设系统电容电流很大,系统会发生低频非线性振荡,此时系统零序电压以及电压互感器高压侧电流波形如图3-51(c)和图3-51(d)所示,虽然开口三角零序电压在接上阻尼电阻后也迅速降低至50V以下,电压互感器上的电流最大值仍有1.25A,这是因为二次消谐通过在零序电压上并联阻尼电阻来消耗谐振能量,必然会在开口三角产生很大的环流,换算至一次侧也会在电压互感器高压侧产生很大电流,阻尼电阻越小,电流越大,虽然可以快速消谐,但容易引发电压互感器保险的熔断。此外开口三角环流随着消谐电阻阻值的减小而增大,同样可能超过电压互感器容量,引发发热、绝缘下降。

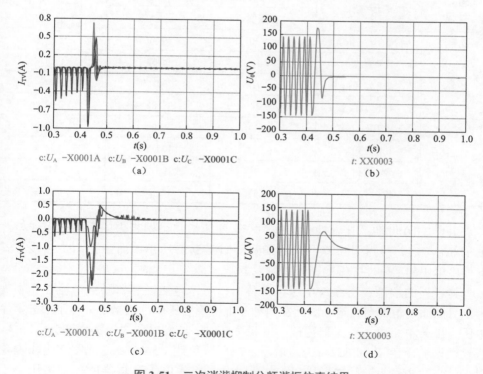

图3-51 二次消谐抑制分频谐振仿真结果

(a)电压互感器高压侧电流(C_0=0.22μF);(b)系统零序电压(C_0=0.22μF)

(c)电压互感器高压侧电流(C_0=4.1μF);(d)系统零序电压(C_0=4.1μF)

对于其他原理更复杂的二次消谐装置，其核心仍然在于检测模块，若检测时间过长，发生低频非线性振荡时，第一个冲击涌流的波形有可能将电压互感器熔断，也就达不到保护的效果。此外二次消谐器的谐振检测模块越复杂，在实际应用中可靠性越低；而对于将零序电压超过整定值设为动作判据则系统发生单相接地时会经常误动作，因此不推荐使用。

（三）抑制措施对系统零序电压测量的影响

系统电压互感器的作用是采集高压侧电压信号以用于二次计量，电压测量和保护测量。其中保护绕组（剩余绕组）电压误差为 6P 级（即误差不超过 ±6%）。各种抑制措施由于改变了互感器的接线方式，会对电压测量带来影响。而开关式消弧时需要准确的零序电压信号，若超出误差允许范围则不利于开关式消弧装置的选相和选线，甚至引起误动作。为此以分频谐振和低频非线性振荡下的系统参数为例，对一次消谐、4PT 三种接线方式进行单相接地故障时零序电压测量的比较，其基准值以系统实际零序电压的值为准，统计结果如表 3-10 所示。

表 3-10　两种抑制措施下零序电压测量误差

暂态过程	消谐方式	零序电压有效值（V）		误差百分比
		实际值	测量值	
分频谐振	一次消谐（压敏）	100.30	94.40	−5.88%
	4PT 方式一	99.91	99.63	−0.28%
	4PT 方式二	99.91	100.07	0.16%
	4PT 方式三	99.91	99.82	−0.09%
低频非线性振荡	一次消谐（压敏）	100.30	94.04	−6.24%
	4PT 方式一	100.30	100.06	−0.24%
	4PT 方式二	100.30	100.41	0.11%
	4PT 方式三	100.31	100.20	−0.11%

由表 3-10 可知，几种抑制措施中，一次压敏消谐器带来的零序电压误差达到了 6% 左右，接近了误差要求的限制，如图 3-52 所示，而三种 4PT 接线方式下零序电压的准确性都很高，误差可以忽略。

其误差的根源在于系统电压不对称时，三个电压互感器励磁电流之和不为零，只能通过消谐器入地，因此在消谐器上面形成压降，相当于分担了部分零序电压。以某单相电压互感器为例，单相接地时，三相励磁电流矢量和为 6.7mA，假设消谐器阻值取 200kΩ，则消谐器上的压降可达 1.34kV，造成零序电压测量误差达 −23.2%，但是由于中性点电压抬升，单相电压互感器所承受电压小于线电压，反过来使电压互感器中性点电流矢量和小于 6.7mA，中性点电压小于 1.34kV，但最终在稳定状态时中性点电压仍可达几百伏；此外，倘若三相电压互感器的励磁特性不一致，即使是正常状态下电压互感器中性点也有电流，在消谐器上形成电势差，在单相接地时刻引起的测量误差会更大。

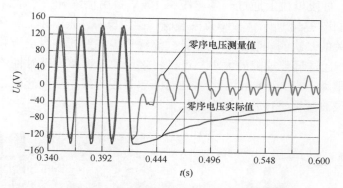

图 3-52 分频谐振时一次消谐零序电压比较

通过以上分析可以发现一次消谐引起的零序电压测量误差的主要影响因素有消谐器阻值、单相电压互感器励磁特性，因此可以从这两方面来改进。为此定性的从改变消谐器电阻方面研究其对零序电压测量误差的影响，分别将电阻设置为 10、40、100、150、200、300kΩ，得到误差曲线如图 3-53 所示。

可见适当降低消谐器的电阻可以减小误差。实际中若采用热敏电阻消谐器，由于其正常状态下阻值只有

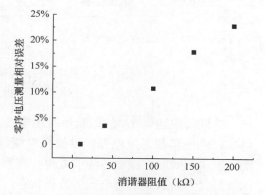

图 3-53 不同消谐器阻值下的零序电压测量误差

40kΩ，在单相接地时消谐器电压为 268V，引发的误差将不超过 4.50%。因此对于开关式消弧，由于零序电压信号质量要求较高，应避免使用一次压敏消谐。

（四）抑制措施现场验证与实施效果

1. 试验现场布置

综合仿真分析和高电压模拟试验结果，认为一体化的抗谐振 4PT 结构既能抗铁磁谐振，又能防止低频非线性振荡带来的巨大过电流，并保证零序电压测量精度。为了验证在实际配网系统中的应用效果，分别在两个变电站的 10kV 侧进行了试验。

（1）单相弧光接地消失。试验在江西省某 110kV 变电站 10kV 侧第 Ⅲ 段母线上进行。该段母线上将传统的消弧线圈退出运行，而把一种开关式消弧装置——ZXC 系列配电网接地故障智能处理装置（以下简称 ZXC 装置）通过电容器组母

线接入系统。母线侧采用 JSZJK-10Q 型抗谐振电压互感器，系统电容电流约为 44A，换算至 C_0 约为 8μF。

在 10kV Ⅲ 段母线上通过一条电缆将 10kV 备用馈线开关与故障点连接。故障点的安装如图 3-54 所示。故障点安装有构架以支撑 10kV 柱上断路器和隔离开关，柱上开关的二次侧安装三相 P20 针式绝缘子，在针式绝缘子旁并联可调式的球 - 地间隙，通过调整球隙的大小，可以将接地故障调整为瞬时性的单相接地故障（此时间隙大小设为 10mm）。分别在 10kV Ⅲ 段母线电压互感器、故障点和馈线处接故障录波装置进行暂态波形数据采集。

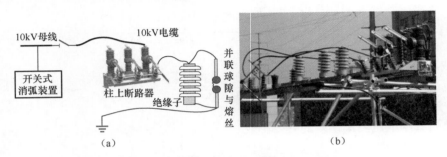

图 3-54 系统单相弧光接地接线简图与实物图
（a）接线简图；（b）实物图

并联间隙通过 1A 的保险丝对地短接，当柱上断路器合闸投入电网时保险丝熔断，产生单相对地电弧，以模拟单相瞬时性电弧接地故障。记录 ZXC 装置对配电网单相瞬时性接地故障的处理，观察记录故障点电弧的持续状态以及单相接地故障处理后系统三相电压的波形状态。

（2）单相金属接地消失。试验同样在江西省某 110kV 变电站 10kV 侧母线上进行，试验接线如 3-55 所示。

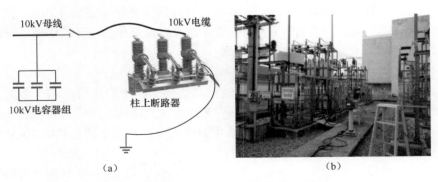

图 3-55 系统单相金属接地接线简图与实物图
（a）接线简图；（b）实物图

将柱上断路器与系统电容器组的母线侧用一 10kV 电缆可靠连接，断路器低压侧经电流互感器接地。远端控制断路器的分合闸便可以模拟单相金属接地消失过程。

2. 试验结果

（1）单相弧光接地消失。整个过程录波如图 3-56 所示。

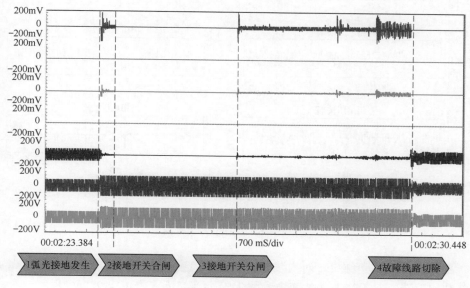

图 3-56　试验录波图

（CH1: 零序电流；CH2:B 相电流；CH3:A 相电流；CH5:A 相电压；CH6:B 相电压；CH7:C 相电压）

某时刻 A 相通过并联间隙发生永久性弧光接地故障（球隙距离 10mm），0.25s 后 ZXC 装置选相模块判断 A 相接地发生并迅速合上母线上 A 相快速接地开关，母线电压降为 0，电弧不能维持而熄灭；2.29s 后装置 A 相开关自动断开，电弧重燃；装置在检测到发生永久性接地后通过选线模块将故障线路选出，经 5.24s 的整定时间后跳开线路开关。

事实上，由于瞬时性的单相弧光接地不好控制，现场进行大量的尝试性调整会对系统造成隐患，在经济性和时间成本是不具可行性，考虑到连接故障点和系统的电缆距离短，对地电容可以忽略，因此通过 ZXC 装置跳开故障点处线路的开关便可以模拟开关式消弧装置消弧瞬时性接地的过程。

由图 3-56 可知，发生电弧接地过程中，故障相的电压不为零，而是含有大量的高频分量；故障消失之后，系统三相电压有轻微的振荡后过渡为正常值，整个过程中电压互感器保险正常工作。

（2）单相金属接地消失。为了模拟开关式消弧装置的单相接地与消失过程，分别在与母线电气连接的电容器组侧的 B、C 相进行金属接地与切除，过程的暂态录波如图 3-57 所示，可见采用 4PT 结构后，系统不会发生振荡，很快便达到稳定状态，并且电压互感器保险也是不会熔断。

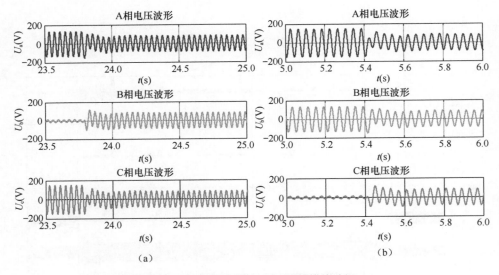

图 3-57 实际变电站 4PT 消谐措施验证
(a) B 相接地；(b) C 相接地

根据仿真和试验结果，对安装有开关式消弧装置的变电站母线侧进行抗谐振 4PT 结构改造，对于待改造的变电站将保险全部换为 XRNP1-12-1A 型。

图 3-58 为 2016 年改造前后电压互感器保险熔断情况统计，可见更换抗谐振 4PT 结构后，电压互感器保险频繁熔断的现象得到了明显抑制，而适当地提高保险的额定电流，也可以降低其熔断的概率。

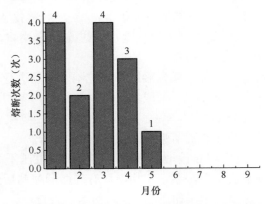

图 3-58 4PT 改造后电压互感器保险熔断次数统计 （6 月改造）

第四章

人身触电防护技术

第一节　基于柱上开关的人身安全防护技术原理

一、人身安全防护的理论基础

（一）人体触电伤害机理

人体触电时，按照能量施加方式的不同，电流对人体造成的伤害有电伤和电击两种类型。在触电事故中，电击和电伤常会同时发生，造成人员死亡的情况多数是由电击所致。

1. 电伤

电流转换为其他形式的能量作用于人体的伤害称为电伤，通常是指电对人体外部造成局部伤害。电伤是由电流的热效应、化学效应、机械效应等对人体造成的伤害，属于局部性伤害。电伤会在机体表面留下明显的伤痕，但其伤害作用可能深入体内。电伤的危险程度决定于受伤面积、受伤深度、受伤部位等因素。电伤包括电烙印、皮肤金属化、电光眼、机械损伤、电烧伤等多种伤害。

（1）电烙印。电烙印是电流通过人体后，在皮肤接触部位上留下的青色或浅黄色斑痕，常以搔伤、小伤口、疣、皮下出血、茧和点刺花纹等形式出现，其形状多为圆形或椭圆形，有时与所触及的带电体形状相似。受雷电击伤的电烙印图形颇似闪电状。斑痕处皮肤硬变，失去原有弹性和色泽，表层坏死，失去知觉。电烙印经治愈后皮肤上层坏死部分脱落，皮肤恢复原来的色泽、弹性和知觉。

（2）皮肤金属化。皮肤金属化常发生在带负荷拉断路开关或闸刀开关所形成的弧光短路的情况下。此时，被熔化了的金属微粒向四周飞溅，如果撞击到人体裸露部分，则渗入皮肤上层，形成表面粗糙的灼伤。皮肤金属化后，表面粗糙、坚硬。根据熔化的金属不同，呈现特殊颜色，一般铅呈现灰黄色，紫铜呈现绿色，黄铜呈现蓝绿色，金属化后的皮肤经过一段时间能自行脱离，不会有不良后果。若在形成皮肤金属化的同时伴有电弧烧伤，情况就会严重些。皮肤金属化的另一种原因是人体某部位长时间紧密接触带电体，使皮肤发生电解作用，一方面电流把金属粒子带入皮肤中，另一方面有机组织液被分解为碱性和酸性离子，金属粒子与酸性离子化合成盐，呈现特殊的颜色。根据颜色可知皮肤内含有金属的类型。皮肤金属化是金属微粒渗入皮肤造成的。受伤部位变得粗糙而张紧。皮肤金属化多在弧光放电时发生，而且一般都伤在人体的裸露部位。当发生弧光放电时，与电弧烧伤相比，皮肤金属化不是主要伤害，在一般情况下，此种伤害是局部性的。

（3）电光眼。电光眼表现为角膜和结膜发炎。在弧光放电时，红外线、可见光、紫外线都可能损伤眼睛。对于短暂的照射，紫外线是引起电光眼的主要原因。

（4）机械损伤。机械损伤是指电流通过人体时产生的机械—电动力效应，使肌肉发生不由自主的剧烈抽搐性收缩，致使肌腱、皮肤、血管及神经组织断裂，甚至使关节脱位或骨折。

（5）电烧伤。电烧伤是最常见的电伤。大部分电击事故都会造成电烧伤。电烧伤可分为电弧烧伤和电流灼伤。电弧烧伤是当电气设备的电压较高时产生的强烈电弧或电火花，烧伤人体，甚至击穿人体的某一部位，而使电弧电流直接通过内部组织或器官，造成深部组织烧死，一些部位或四肢烧焦。一般不会引起心脏纤维性颤动，而更为常见的是人体由于呼吸麻痹或人体表面的大范围烧伤而死亡。分为直接电弧烧伤和间接电弧烧伤。前者是带电体与人体之间发生电弧，有电流流过人体的烧伤；后者是电弧发生在人体附近对人体的烧伤，包含熔化了的炽热金属溅出造成的烫伤。电弧温度高达 8900℃ 以上，可造成大面积、大深度的烧伤，甚至烧焦、烧掉四肢及其他部位。大电流通过人体，也可能烘干、烧焦机体组织。电流灼伤是人体与带电体直接接触，电流通过人体时产生的热效应造成的伤害。电流越大、通电时间越长，电流途径的电阻越小，则电流灼伤越严重。在人体与带电体的接触处，接触面积一般较小，电流密度可达很大数值，又因皮肤电阻较体内组织电阻大许多倍，故在接触处产生很大的热量，致使皮肤灼伤。只有在大电流通过人体时才可能使内部组织受到损伤，但高频电流造成的接触灼烧可使内部组织严重损伤，而皮肤却仅有轻度损伤。因为接近高压带电体时会发生击穿放电，所以，电流灼伤一般发生在低压电气设备上，往往数百毫安的电流即可导致灼伤，数安的电流将造成严重的灼伤。

2. 电击

我们通常所说的触电一般都指的是电击，电击是指电流流过人体内部器官（例如心、肺和大脑等）所造成的内伤，破坏了人体的心肺部以及神经系统的正常工作，甚至危及人的生命，绝大部分的触电死亡事故都是电击造成的。当人体触及带电导线、漏电设备的金属外壳和其他带电体，或离开高压电距离太近，以及雷击或电容器放电等，都可能导致电击。

电击时伤害程度主要取决于电流的大小和触电持续时间：①电流流过人体的时间较长，可引起呼吸肌的抽搐，造成缺氧而心脏停搏；②较大的电流流过呼吸中枢时，会使呼吸肌长时间麻痹或严重痉挛造成缺氧性心脏停搏；③在低压触电时，会引起心室纤维颤动或严重心率失常，使心脏停止有节律的泵血活动，导致大脑缺氧而死亡。

当人体遭受电击时，如果有电流通过心脏，可能直接作用于心肌，引起心室颤动；如果没有电流通过心脏，亦可能经中枢神经系统反射作用于心肌，引起心室颤动。由于电流的瞬时作用而发生心室颤动时，呼吸可能持续几分钟，在其丧失知觉前，有时还能叫喊几声，有的还能走几步，但是，由于其心脏已进入心室颤动状态，血液已终止循环，大脑和全省迅速缺氧，病情将急剧恶化，如不及时抢救，很快将导致死亡。

如果通过人体的电流只有 20 ～ 25mA，一般不会直接引起心室颤动或心脏停止跳动。但如时间较长，仍可导致心脏停止跳动。这时，心室颤动或心脏停止跳动，主要是由于呼吸中止，导致机体缺氧引起的，但当通过人体的电流超过数安时，由于刺激强烈，也可能先使呼吸中止。电休克是机体受到电流的强烈刺激，发生强烈的神经系统反射，使血液循环、呼吸及其他新陈代谢都发生障碍，以致神经系统受到抑制，出现血压急剧下降、脉搏减弱、呼吸衰竭、神志昏迷的现象。电休克状态可以延续数十分钟到数天。其后果可能是得到有效的治疗而痊愈，也可能由于重要生命机能完全丧失而死亡。50mA（有效值）以上的工频交流电流通过人体，一般既可能引起心室颤动或心脏停止跳动，也可能导致呼吸中止。

应当指出，发生触电事故时，常常伴随高空摔跌，或由于其他原因所造成的纯机械性创伤，这虽与触电有关，但不属于电流对人体的直接伤害。

（二）触电伤害的影响因素

触电时电流对人体的伤害程度主要决定于流经人体的电流大小、电流通过人体的持续时间、作用于人体的电压高低、电流在人体中流经的途径、人体阻抗、电流种类、电流频率以及触电者的生理和心理状态等多种因素。这些因素是相互关联的，其中电流值是危害人体的直接因素。

1. 经过人体电流的大小

通过人体的电流大小是决定人体伤害程度的主要因素之一，不同的电流会引起人体不同的反应和伤害程度。有研究学者对成年男性施加不同幅值的直流和工频交流电流时人体的不同反应进行了研究，结果如表 4-1 和表 4-2 所示。

表 4-1 施加直流时引起人体不同反应所对应的电流值（mA）

人体反应情况	被试者百分数		
	5%	50%	95%
手表面及指尖端有连续针刺感	6	7	8
手表面发热，有剧烈连续针刺感，手关节有轻度压迫感	10	12	15
手关节及手表面有针刺似的强烈压迫感	18	21	25
前肢部有连续针刺感，手关节有压痛，手有刺痛，强烈的灼热感	25	27	30
手关节有强度压痛，直至肩部有连续针刺感	30	32	35
手关节有剧烈压痛，手上似针刺般疼痛	30	35	40

表 4-2 交流作用时引起人体不同反应所对应的电流值（mA）

人体反应情况	被试者百分数		
	5%	50%	95%
手表面有感觉	0.7	1.2	1.7
手表面似乎有麻痹似的连续针刺感	1.0	2.0	3.0
手关节有连续针刺感	1.5	2.5	3.5
手有轻度颤动，手关节有受压迫感	2.0	3.2	4.4
前肢有受手铐压迫似的轻度痉挛	2.5	4.0	5.5
上肢部有轻度痉挛	3.2	5.2	7.2
手硬直有痉挛，但能伸开，已感到有轻度疼痛	4.2	6.2	8.2
上肢部和手有剧烈痉挛，失去感觉，手的前表面有连续针刺感	4.3	6.6	8.9
手的肌肉直到肩部全面痉挛，还可能摆脱带电体	7.0	11.0	15.0

从研究结果可以看出，人体对流经人体电流大小的反应是非常敏感的，对于 50Hz 的交流电流，按照不同电流强度通过人体时的生理反应，人们通常把电击电流分为感知电流、摆脱电流和致命电流三类。

感知电流是指引起人体感觉但无生理反应的最小电流。一般认为，人体能感受的最小电流约为 1mA。当电流从手指流过 0.5～1.5mA 时，手指有轻微麻刺感，但对不同的人，感觉也不同。感知电流的大小因人而异，女性对电流较敏感，一般成年男性的平均感知电流约为 1.1mA（工频），成年女性约为 0.7mA。通常，9～25mA 电流对人体的刺激是相当痛苦的，可能使肌肉失去控制能力，难以或不能松开手中紧握住的带电物体。若电流继续增大，肌肉收缩可使呼吸发生困难，但这种呼吸困难的伤害情况不是永久性的，将随着电流的中断而消失，除非肌肉收缩相当严重或呼吸停止。

摆脱电流是指人体触电后能自主摆脱电源的最大电流。摆脱电流男性比女性要大。当然要根据触电人的身体状况，身强力壮的男性摆脱电流甚至可达几十毫安，而女性触电后由于心里紧张加上体力不如男性，所以女性摆脱电流一般较小。一般成年男性的平均摆脱电流约为 16mA，成年女性约为 10mA。其中，摆脱电流的最小值称为摆脱阈值，从安全角度考虑，规定男子的允许摆脱阈值电流为 9mA，女子为 6mA。但是人们摆脱电流的能力是随着触电时间的延长而减弱的。这就是说，一旦触电后如不能摆脱电源，可能造成严重的后果。

致命电流指在较短的时间内危及人体生命的最小电流。即引起心脏纤维性颤动或窒息的电流。一般情况下通过人体的工频电流超过 50mA 时，人的心脏就可能停止跳动，发生昏迷和出现致命的电灼伤。当工频电流达 100mA 通过人体时，人会很快致命。当电击时间小于 5s，可用 $I=165/t_1/2$（t_1 为人体受到电击的时间）来计算心室纤颤阈值。当电击时间大于 5s，则以 30mA 作为引起心室纤颤的又一极限电流值，大量的试验表明，当电击电流大于 30mA 时，才会发生心室纤颤的危险。

表 4-3 所示为不同电流强度对人体的影响，可以看出，当流经人体的电流幅值较高时，在很短的时间内，就可能引起触电人员的死亡。

表 4-3　不同电流强度对人体的影响

直流 110～800V	交流 110～380V	对人体的影响
5mA	1mA	人体最小感觉电流
	2～7mA	人会感到电击处强烈麻刺
	8～10mA	手摆脱电源困难
<80mA	<25mA	呼吸肌轻度收缩，对心脏无损坏
80～300mA	25～80mA	呼吸肌痉挛；通电时间超过 25～30s，可发生心室纤维性颤动或心跳停止
300～3000mA	80～100mA	直流有可能引起心室纤维性颤动；交流接触 0.1～0.3s 以上即能引起严重心室纤维性颤动
	300mA 以上	0.01s 以后死亡
	>3A（3kV 以上）	心跳停止；呼吸肌痉挛；接触数秒以上即可引起严重烧伤致死

2. 经过人体电流的持续时间

电击时间越长，电流对人体引起的热伤害、化学伤害及生理伤害就越严重。特别是电流持续时间的长短和心室颤动有密切的关系。人体心脏每收缩和扩张一次，中间有一时间间隙，在这段间隙时间内触电，心脏对电流特别敏感，即使电流很小，也会引起心室颤动。所以，触电时间如果超过 1s，就相当危险。为了能够迅速解救触电人员，《电业安全工作规程》（DL408—1991）规定：在发生人身触电事故时，为了解救触电人，可以不经许可，即行断开有关设备的电源，但事后必须立即报告上级。从现有的资料来看，最短的电击时间是 8.3ms，超过 5s 的很少。从 5s 到 30s，引起心室颤动的极限电流基本保持稳定，并略有下降。更长的电击时间，对引起心室颤动的影响不明显，而对窒息的危险性有较大的影响，从而使致命电流下降。

通电时间越长，越容易引起心室颤抖，电击伤害程度就越大，这是由于：

（1）通电时间越长，能量积累增加，就更易引起心室颤抖。

（2）在心脏搏动周期中，有约 0.1s 的特定相位对电流最敏感。因此，通电时间愈长，与该特定相位重合的可能性就愈大，引起心室颤抖的可能性也便越大。时间越长中枢神经反射增强电击持续时间越长，中枢神经反射越强烈，心室颤动的可能性越大，电击危险性越大。

（3）通电时间越长，人体电阻会因皮肤角质层破坏、出汗、击穿、电解等原因而降低，从而导致通过人体的电流进一步增大，受电击的伤害程度亦随之增大。

工频电流作用下，不同持续时间对人体生理伤害的情况如表 4-4 所示。

表 4-4　工频电流下不同持续时间对人体生理伤害情况

50～60Hz 电流有效值	通电时间	人体的生理反应
0～0.5mA	连续（无危险）	未感到电流
0.5～5.0mA	连续（也无危险）	开始感到有电流，未引起痉挛的极限，可以摆脱的电流范围（触电后能自动摆脱，但手指、手腕等处有痛感）
5.0～30mA	以数分钟为极限	不能摆脱的电流范围（由于痉挛，已不能摆脱接触状态），引起呼吸困难，血压上升，但仍属可忍耐的极限
30～50mA	由数秒到数分钟	心律不齐，引起昏迷，血压升高，强烈痉挛，长时间将会引起心室颤动
50毫安至数百毫安	低于心脏搏动周期	虽受到强烈冲击，但未发生心室颤动
	超过心脏搏动周期	发生心室颤动、昏迷、接触部位留有通过电流的痕迹（搏动周期相位与开始触电时间无特别关系）
超过数百毫安	低于心脏搏动周期	即使通电时间低于搏动周期，如有特定的搏动相位开始触电时，要发生心室颤动、昏迷，接触留有通过电流的痕迹
	超过心脏搏动周期	未引起心室颤动，将引起恢复性心脏停跳、昏迷，有烧伤致死的可能性

3. 人体接触电压的大小

当人体电阻一定时，作用于人体的电压越高，则通过人体的电流就越大，这样就越危险，轻的引起灼伤，重的则足以使人致死。而且，随着作用于人体电压的升高，人体电阻还会下降，致使电流更大，对人体的伤害更严重。不同电压等级对人身安全的影响如表 4-5 所示。

表 4-5　不同电压等级对人体的影响

电压（V）	对人体的影响	电压（V）	对人体的影响
20	湿手的安全界限	100～200	危险性急剧增大
30	干燥手的安全界限	200～3000	人生命发生危险
50	人生命无危险的界限	3000 以上	人体被带电体吸引

安全电压是以人体允许通过的电流与人体电阻的乘积来表示的。我国规定：特别潮湿或有腐蚀性气体、人流汗或被导电溶液溅湿、有导电灰尘等情况下，容易导电的地方，12V 为安全电压。因此，在比较危险的地方或工作地点狭窄、周围有大面积接地体、环境湿热场所，如电缆沟、煤斗油箱等地，所用行灯的电压不准超过 12V。如果空气干燥，条件较好时，可用 24V 或 36V 电压。通过大量实践发现，36V 以下的电压，对人体没有严重威胁，所以在一般情况下，规定 36V 以下的电压为安全电压。国际电工委员会规定接触电压的限定值为 50V，并规定在 25V 以下时，不需考虑防止电击的安全措施。

4. 电流通过人体的途径

电流流过人体途径也是影响人体触电严重程度的重要因素之一。人体在电流的作用下，没有绝对安全的途径。电流通过人体任意部位，都可能致人死亡。电流通过心脏、脊椎和中枢神经等要害部位时，电击的伤害最为严重。电流通过心脏会引起心室颤动乃至心脏停止跳动而导致死亡；电流通过中枢神经及有关部位，会引起中枢神经强烈失调而导致死亡；电流通过头部，严重损伤大脑，亦可能使人昏迷不醒而死亡；电流通过脊髓会使人截瘫；电流通过人的局部肢体亦可能引起中枢神经强烈反射而导致严重后果。这几种伤害中，以心脏伤害最为严重。

电流总是从电阻最小的途径通过，所以随触电者情况不同，电流通过人体的主要途径也不同，其危害程度和造成人体伤害的情况也不同。很明显，从左手到胸部以及从左手到右脚是最危险的电流途径。从右手到胸部或从右手到脚、从手到手等都是很危险的电流途径，但危险性相对要小些，从脚到脚一般危险性较小，但不等于说没有危险，这都可能导致二次事故的发生。例如由于跨步电压造成电击时，开始电流仅通过两脚间，电击后由于双足剧烈痉挛而摔倒，此时电流就会流经其他要害部位，同样会造成严重后果；另一方面，即使是两脚受到电击，也会有一部分电流流经心脏，这同样会带来危险。故不能认为局部的触电是无危险的。电流途径与通过人体心脏电流的百分数见表 4-6。

表 4-6　电流途径与通过心脏的百分数

电流的途径	左手至双脚	右手至双脚	右手至左手	左脚至右脚
通过心脏电流的百分数	6.7%	3.7%	3.3%	0.4%

人体心脏是最为薄弱的器官，通过心脏的电流越多，电流路线越短的途径是电击危险性最大的途径，流经心脏的电流是促使心室纤维颤动的祸魁。电流流过人体的途径不同时，引起心室颤动电流大小也不同，由此造成的电击危险性也不相同。人体不同电流途径对心脏电流的影响，可用心脏电流系数表示。心脏电流系数就是从左手到双脚的心室颤动电流阈值与任一电流途径的心室颤动电流阈值的比值，即

$$F = I_{(ref)}/I_h \tag{4-1}$$

式中：F 为心脏电流系数；$I_{(ref)}$ 为经左手到双脚的心室颤动电流阈值，mA；I_h 为任一电流途径的心室颤动电流阈值，mA。

在人体触电时，不同电流途径下的心脏电流系数见表 4-7。

表 4-7　不同电流途径下的心脏电流系数表

电流途径	心脏电流系数 F
左手至左脚、右脚或双脚；双手至双脚	1.0
左手至右手	0.4
右手至左脚、右脚或双脚	0.8
背至右手	0.3
背至左手	0.7
胸部至右手	1.3
胸部至左手	1.5
臂部至左手、右手或双手	0.7

从表 4-7 中可看出，胸至左手是最危险的电流途径，其次是胸至右手。对四肢来说，左手至左脚、右脚或双脚和双手至双脚也是最危险的电流途径，其次是右手至左脚、右脚或双脚。左手至右手的心脏电流系数较小，即心脏分流的电流较小，脚至脚的电流途径偏离心脏较远，从心脏流过的电流更小，但不能忽视因痉挛而摔倒，导致电流通过人体主要部位造成的伤害。

5. 人体的阻抗值

人体电阻就是电流通过人体时，人体对电流的阻力，人体各部分的有机组织不同，电阻的大小也不同，如皮肤、脂肪、骨骼、神经的电阻比较大，其中皮肤表面的角质外层电阻最大，而肌肉、血液的电阻比较小。人体的电阻越大，触电后流过人体的电流就越小，因而危险也就越小。人体电阻不是一个不变的常数，接触电压越高，人体电阻小；接触带电导体时间越长，人体电阻也愈小。

人体电阻为随机值，它与下列因素有关：

（1）皮肤状况：皮肤潮湿和出汗时，以及带有导电的化学物质和导电的金属粉尘，特别是皮肤破裂后，人体阻抗急剧下降。因此，人们不应当用潮湿的或有汗、有污渍的手去操作电气装置。

（2）接触电压：接触电压增加，人体阻抗明显下降。

（3）接触面积：可以认为人体阻抗与接触面积成反比，人体与带电体接触的松紧也影响人体的阻抗。

（4）电流值及作用时间：电流增加，电阻减小。电流越大，作用时间越长，人体产生的热和汗就越多，使电阻下降。

（5）其他因素：体内阻抗与电流途径有关；女子的人体阻抗比男子的小，儿童的比成人的小，青年人比中年人的小；遭受突然的生理刺激时，人体阻抗可能明显降低；环境温度高或空气中的氧不足等，都可使人体阻抗下降。

不同状况下的人体电阻如表 4-8 所示。

表 4-8 不同状况下的人体电阻（Ω）

接触电压（V）	皮肤干燥[1]	皮肤潮湿[2]	皮肤湿润[3]	皮肤浸入水中[4]
10	7000	3500	1200	600
25	5000	2500	1000	500
50	4000	2000	875	440
100	3000	1500	770	375
250	1500	1000	650	325

[1] 相当干燥场所的皮肤，电流途径为单手至双足。
[2] 相当潮湿场所的皮肤，电流途径为单手至双足。
[3] 相当有水蒸气等特别潮湿场所的皮肤，电流途径为双手至双足。
[4] 相当游泳池或浴池中的情况，基本上为人体内电阻。

总之，影响人体电阻的因素很多，因人而异，可在数百欧至数万欧间变化。一般情况下，可按 1000 ～ 2000Ω 考虑。应该指出的是，人体电阻只对低压触电有限流作用，而对高压触电，皮肤被击穿后，人体电阻阻值非常低，并不能起到限流作用。

6. 电流的频率和种类

电流的频率和种类不同，触电的危险性也不同。一般地来说，频率在25～300Hz 的电流对人体触电的伤害程度最为严重，人体对工频电流的耐受很低，大致 0.1A 电流作用于人体，将引起致命的后果。直流电、高频和超高频电流对人体伤害程度较小。一般情况下，直流电触电比交流电触电的危险性要小些，触电者往往能自身摆脱电源，但当触电的电流大于 50mA 后，触电者也不易自身摆脱，会出现手部痉挛、呼吸困难，时间过长同样可造成死亡。电流的高频集肤效应使得高频情况下电流大部分流经人体表皮，避免了内脏的伤害，但是集肤效应会导致表皮严重烧伤。此外，无线电设备、淬火、烘干和熔炼的高频电气设备，能辐射出波长 1～50cm 的电磁波，这种电磁波能引起人体体温增高、身体疲乏、全身无力和头痛失眠等症状。

日常用的电源多是频率为 50Hz 的（工频）交流电，频率较低，对人体触电造成的危害最为严重。经研究表明，人体触电的危害程度与触电电流频率有关。一般来说，频率为 25～300Hz 的电流对人体触电的伤害程度最为严重。低于或高于此频率段的电流对人体触电的伤害程度明显减轻。如在高频情况下，人体能够承受更大的电流作用，但电压过高的高频电流仍会使人触电致死。目前，医疗上采用 20kHz 以上的高频电流对人体进行治疗。国内外对触电事故的研究主要集中在工频 50Hz 及 60Hz 范围。许多研究资料表明，人体在工频 50Hz 或 60Hz 的电流作用下的伤害程度最为严重，人体对工频电流的耐受很低，大致 0.1A 电流作用于人体，将引起致命的后果。低于或高于这个频率，伤害程度都会减轻。研究表明人体承受 25Hz 的电流值稍高，甚至可以达到直流的 5 倍。而频率在 3～10kHz 范围内，可以耐受更高的电流。人体的最小感觉冲击电流为40～90mA，远高于交流感觉电流 1mA 和直流感觉电流 5mA。在雷电流作用下人体可能承受几百安培的电流幅值。就直流和冲击电流来说，冲击电流的危险性更大，因为在通常情况下，雷电流幅值可以达到数千安培以上。

实践证明，使用频率在 3～10kHz 或更高的高频电气设备，是不会引起触电致死的，仅有时会引起并不严重的电击。但是，在电压为 6～10kV，频率为500kHz 时的强力电气设备中，有使人触电致死的危险。如果电流通过的是患有心脏病、结核病、精神病、醉酒的人体时，触电程度会更为严重。表 4-9 为各种频率下的死亡率。

表 4-9 各种频率的死亡率

频率（Hz）	10	25	50	60	80	100	120	200	500	1000
死亡率	21%	70%	95%	91%	43%	34%	31%	22%	14%	11%

7. 人体本身的状况

试验研究表明，触电危险性与人体状况有关。触电者的性别、年龄、健康状况、精神状态和人体电阻都会对触电后果产生影响。

电流对人体的作用，女性比男性更敏感，女性的感知电流和摆脱电流约比男性低 1/3，男性比女性摆脱电流的能力强。由于心室颤动电流约与体重成正比，因此小孩遭受电击比成人危险。另外，人的健康状况不同，对电流的敏感程度和可能造成的危险程度也不完全相同。凡患有心脏病、神经系统疾病、结核病、内分泌失调及精神病等患者的人，受电击伤害的程度都比较重。另外，在触电前，若喝酒、疲劳过度、出汗过多等，发生触电后果更为严重。另外，对触电有心理准备的，触电伤害轻。

（三）触电人身安全的技术指标

1. 国际电工委员会 TC64 建筑电气设备专门委员会相关规定

有研究表明，在心脏搏动周期内，相应于心电图上 0.2s 的 T 波段这个特定相位，对于触电电流最为敏感。在 T 波段以外的时间发生触电，对心脏的伤害相对比较轻。但实际上，触电时间约在 0.2s 并和 T 波段完全吻合的几率很小。国际电工委员会 TC64 建筑电气设备专门委员会于 1980 年根据科研新成果，修正了 1974 年发表的《电流通过人体的影响》中第 479 号报告中触电电流和通电时间对人体反应的曲线，如图 4-1 所示。新曲线将触电时间在 0.2s 以内发生心室颤动的电流阈值放大至 400mA 以上，而触电时间大于 1s 时，心室颤动的电流阈值降低至 50mA 以下。

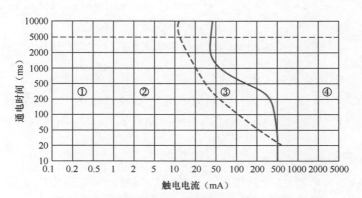

图 4-1　触电电流和通电时间对人体的反应曲线

图 4-1 中的 b、c、d 三条曲线将整个范围划分为 4 个区域。

第①区域：通过电流在 0.5mA 以下，人体一般无反应。

第②区域：通过电流在 0.5mA 以上，但在曲线 b 的下方，人体一般情况下无病理生理性危险。

第③区域：位于曲线 b 的上方，但在曲线 c 的下方，人体一般无心室纤维性颤动危险。

第④区域：位于曲线 c 的上方，但在曲线 d 的下方，人体有可能发生心室纤维性颤动，但几率小于 50%。

2. GB/T 138870.1—1992《电流通过人体的效应 第一部分：常用部分》相关规定

GB/T 138870.1—1992《电流通过人体的效应 第一部分：常用部分》根据动物试验给出的电流通过人体的效应曲线中，把引起心室颤动的电流阈值分为概率 5%、50% 和超过 50% 三条曲线，如图 4-2 所示。同时指出，只有电击落在易致颤区的 T 波段，持续时间不到 0.1s，人体通过电流 500mA 以上才有可能引起心室颤动，电流达几安培时就很可能发生心室纤维性颤动了。

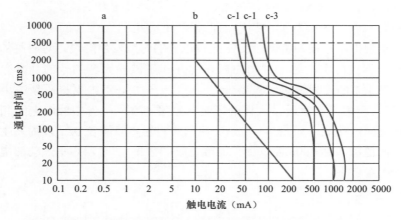

图 4-2　GB/T 138870.1 给出的电流通过人体的效应曲线

图 4-2 中把对应图 4-1 中的第④区域又细分成 3 个小区域，即：曲线 c-1 右测至 c-2 左侧之间，心室纤维性颤动概率可增加到 5%；曲线 c-2 右测至 c-3 左侧之间，心室纤维性颤动概率可增加到 50%；曲线 c-3 右测，心室纤维性颤动概率超过 50%。

3.《工厂企业电工手册》相关规定

分析（1）和（2）中电流通过人体的效应曲线，可以得出以下结论：①在易致颤区的 T 波段发生触电，持续时间在 0.1s 以内，人体通过电流超过 500mA，虽有可能引起心室纤维性颤动，但发生的概率很小；②当触电时间超过 1s 时，50mA 的电流就有可能引起心室纤维性颤动的危险；当人体电流增加到 80mA 时引起心室纤维性颤动的概率可增加到 5%。

鉴于此，《工厂企业电工手册》推荐的引起心室颤动的最小电流 I_j 取值为：①当触电时间在 1s 及以上时，按照国内外共同划定的阈值，I_j 取 50mA；②当触电时间在 1s 以内时，以触电时流经人体的电荷量（电流与时间的乘积）作为安全控制指标，I_j 取 $50/t$ mA（t 为电流流经人体的时间）。

二、柱上开关对故障点电压大小的影响理论分析

结合前述接地旁路法消弧装置，分析考虑安装柱上开关后，配电网发生单相接地故障时的理论计算。图4-3为系统等值计算示意图，其中M点为接地旁路消弧装置接入点，N点为柱上开关装置接入点，U_S为系统电压，Z_S为系统阻抗，R_f为故障点接地电阻，x_1和x_2分别为故障点距离母线和柱上开关的距离。

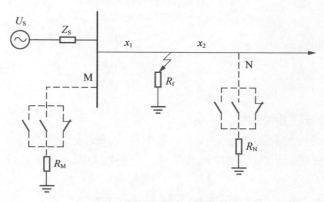

图4-3 系统等值计算示意图

（一）不装设母线开关和柱上开关

当不装设母线开关和柱上开关，配电网线路上发生单相接地故障时，电路图如图4-4所示。

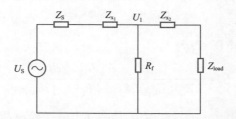

图4-4 不装设母线开关和柱上开关时的电路图

Z_S—线路单位长度阻抗；Z_{load}—负载等效阻抗

则计算得到故障点电压U_1为

$$U_1 = \frac{U_S[(Z_{x2} + Z_{load})//R_f]}{(Z_{x2} + Z_{load})//R_f + Z_{x1} + Z_S} \qquad (4\text{-}2)$$

（二）装设母线开关

当仅装设母线开关，不装设柱上开关，配电网线路上发生单相接地故障时，电路图如图4-5所示。

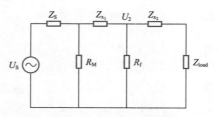

图 4-5　装设母线开关时的电路图

R_M—母线开关接地电阻

则计算得到故障点电压 U_2 为

$$U_2 = \frac{U_S[(Z_{x2}+Z_{load})//R_f]}{[(Z_{x2}+Z_{load})//R_f+Z_{x1}]//R_M+Z_S}$$ （4-3）

（三）装设母线开关和柱上开关

（1）当装设母线开关和柱上开关，其中柱上开关安装在线路末端距离故障点较远，配电网线路上发生单相接地故障时，电路图如图 4-6 所示。

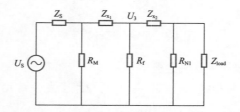

图 4-6　柱上开关距离故障点较远时的电路图

R_{N1}—柱上开关接地电阻

计算得到故障点电压 U_3 为

$$U_3 = \frac{U_S[(Z_{x2}+Z_{load}//R_{N1})//R_f]}{[(Z_{x2}+Z_{load})//R_{N1}+//R_f+Z_{x1}]//R_M+Z_S}$$ （4-4）

（2）当装设母线开关和柱上开关，其中柱上开关距离故障点较近，配电网线路上发生单相接地故障时，电路图如图 4-7 所示。

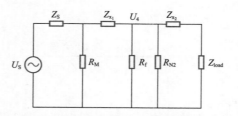

图 4-7　柱上开关距离故障点较近时的电路图

R_{N2}—柱上开关接地电阻

计算得到故障点电压 U_4 为

$$U_4 = \frac{U_S[(Z_{x2}+Z_{load})//R_{N2}//R_f]}{[(Z_{x2}+Z_{load})//R_{N2}//R_f+Z_{x1}]//R_M+Z_S} \qquad (4\text{-}5)$$

（3）当装设母线开关和柱上开关，其中在故障点附近和距离故障点较远的线路末端处各有一个柱上开关，配电网线路上发生单相接地故障时，电路图如图 4-8 所示。

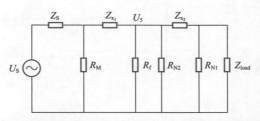

图 4-8　在故障点附近和距离故障点较远的线路末端处各有一个柱上开关时的电路图

计算得到故障点电压 U_5 为

$$U_5 = \frac{U_S[(Z_{x2}+Z_{load}//R_{N1})//R_{N2}//R_f]}{[(Z_{x2}+Z_{load}//R_{N1})//R_{N2}//R_f+Z_{x1}]//R_M+Z_S} \qquad (4\text{-}6)$$

（四）分析与结论

（1）$U_1 > U_2 > U_3$，即不加装母线开关和柱上开关时的故障点电压、仅加装母线开关时的故障点电压、同时加装母线开关和柱上开关时的故障点电压依次减小。

（2）当故障接地电阻 R_f 越大时，故障点电压越大。

（3）当 Z_1 越小时，故障点电压越大，即当故障点距离电站越近时故障点电压越大。

（4）因为 $Z_2+R_{N2}//Z_{load} > (Z_2+Z_{load})//R_{N2} > (Z_2+R_{N1}//Z_{load})//R_{N2}$，所以 $U_3 > U_4 > U_5$，即柱上开关距离故障点较远时的故障点电压、柱上开关距离故障点较近时的故障点电压、在故障点附近和距离故障点较远的线路末端处各有一个柱上开关时的故障点电压依次减小，由此可见故障点电压的大小与柱上开关的配置数量及位置有关。

第二节　基于柱上开关的人身安全防护仿真分析

一、线路拓扑结构对故障点电压影响

某 10kV 系统的电容电流有效值为 100A，电站接地电阻为 0.5Ω，故障点接地电阻为 10Ω，架空线的导线型号为 LGJ-70/10，外径为 11.40mm；20℃直流电阻（不大于）0.4217Ω；线路杆塔采用 Z 型杆塔，呼高 8m。采用交联聚乙烯绝缘聚氯乙烯护套电力电缆 YJV8.7/10kV，导体标称截面积为 $1×120mm^2$，绝缘厚度为 4.5mm，护套厚度为 1.8mm，电缆近似外径为 30mm。系统等值计算图如图 4-9 所示。

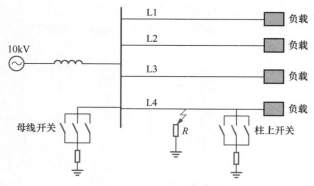

图 4-9　系统等值计算图

在不同的线路拓扑结构下，不带柱上开关，比较线路中不同地点发生单相接地故障时母线开关动作前后的故障点电压值。

（一）10kV 系统所带出线数目不同

（1）10kV 系统带 1 条线路：25km 架空 +43.1km 电缆混联线路，该线路即为故障线路。1 条线路下母线开关动作前后的故障点电压值如表 4-10 所示。

表 4-10　1 条线路下母线开关动作前后的故障点电压值

故障点位置	母线开关动作前故障点电压（V）	故障点入地电流（A）	母线开关动作后故障点电压（V）	故障点入地电流（A）	母线开关分流（A）
末端	937.4	93.7	462.6	46.2	89.4
中间	979.0	97.9	532.1	53.2	89.0
首端	1181.0	118.1	59.3	5.9	118.6

（2）10kV 系统带 2 条线路：5km 电缆线路、25km 架空 +38km 电缆混联线路，故障线路为：25km 架空 +38km 电缆混联线路。2 条线路下母线开关动作前后的故障点电压值如表 4-11 所示。

表 4-11　2 条线路下母线开关动作前后的故障点电压值

故障点位置	母线开关动作前故障点电压（V）	故障点入地电流（A）	母线开关动作后故障点电压（V）	故障点入地电流（A）	母线开关分流（A）
末端	940.2	94.0	430.6	43.0	88.2
中间	976.7	96.8	484.8	48.5	87.3
首端	1130.0	113.0	56.1	5.6	112.2

（3）10kV 系统带 3 条线路：40km 架空线路、5km 电缆线路、25km 架空 +37.5km 电缆混联线路，故障线路为：25km 架空 +37.5km 电缆混联线路。系统带 3 条线路下母线开关动作前后的故障点电压值如表 4-12 所示。

表 4-12　系统带 3 条线路下母线开关动作前后的故障点电压值

故障点位置	母线开关动作前故障点电压（V）	故障点入地电流（A）	母线开关动作后故障点电压（V）	故障点入地电流（A）	母线开关分流（A）
末端	939.7	93.9	427.3	42.7	88.0
中间	975.7	97.6	480.0	48.0	87.1
首端	1124.0	112.4	55.8	5.6	111.5

（4）10kV 系统带 4 条线路：10km 电缆线路、40km 架空线路、5km 电缆线路、25km 架空 +26.5km 电缆混联线路，故障线路为：25km 架空 +26.5km 电缆混联线路。系统带 4 条线路下母线开关动作前后的故障点电压值如表 4-13 所示。

表 4-13　系统带 4 条线路下母线开关动作前后的故障点电压值

故障点位置	母线开关动作前故障点电压（V）	故障点入地电流（A）	母线开关动作后故障点电压（V）	故障点入地电流（A）	母线开关分流（A）
末端	942.3	94.2	358.8	35.9	85.9
中间	968.1	96.8	383.2	38.3	84.8
首端	1021.0	102.1	49.8	5.0	99.6

（5）10kV 系统带 5 条线路：20km 架空 +10km 电缆混联线路、10km 电缆线路、40km 架空线路、5km 电缆线路、25km 架空 +14.5km 电缆混联线路，故障线路为：25km 架空 +14.5km 电缆混联线路。系统带 5 条线路下母线开关动作前后的故障电压值如表 4-14 所示。

表 4-14　系统带 5 条线路下母线开关动作前后的故障点电压值

故障点位置	母线开关动作前故障点电压（V）	故障点入地电流（A）	母线开关动作后故障点电压（V）	故障点入地电流（A）	母线开关分流（A）
末端	950.0	95.0	283.7	28.4	84.8
中间	965.1	96.5	287.5	28.8	84.0
首端	926.8	92.7	44.8	4.5	89.6

由表 4-10 ～表 4-14 可知，10kV 系统所带出线越多，即与故障线路并联线路越多，故障线路越短，故障线路发生单相接地故障时母线开关动作前后的故障点

电压值整体水平越低。

（二）10kV 系统所带出线数目相同，故障线路分支数不同

（1）10kV 系统带 5 条线路：20km 架空 +10km 电缆混联线路、10km 电缆线路、40km 架空线路、5km 电缆线路、25km 架空 +（5km 电缆线路、13km 电缆）混联线路，故障线路为：25km 架空 +（13km 电缆）混联线路。故障线路 2 条分支下母线开关动作前后的故障点电压值如表 4-15 所示。

表 4-15　故障线路 2 条分支下母线开关动作前后的故障点电压值

故障点位置	母线开关动作前故障点电压（V）	故障点入地电流（A）	母线开关动作后故障点电压（V）	故障点入地电流（A）	母线开关分流（A）
末端	937.8	93.8	458.0	45.8	95.2
中间	951.3	95.1	485.9	48.6	94.6
首端	1015.0	101.5	51.7	5.2	103.4

（2）10kV 系统带 5 条线路：20km 架空 +10km 电缆混联线路、10km 电缆线路、40km 架空线路、5km 电缆线路、25km 架空 +（20km 架空 +10km 电缆混联线路、5km 电缆、6.5km 电缆）混联线路，故障线路为：25km 架空 +（6.5km 电缆线路）混联线路。故障线路 3 条分支下母线开关动作前后的故障点电压值如表 4-16 所示。

表 4-16　故障线路 3 条分支下母线开关动作前后的故障点电压值

故障点位置	母线开关动作前故障点电压（V）	故障点入地电流（A）	母线开关动作后故障点电压（V）	故障点入地电流（A）	母线开关分流（A）
末端	937.8	93.8	635.9	45.8	106.0
中间	944.3	94.4	661.8	48.6	105.7
首端	1110.0	111.0	54.1	5.2	108.3

由表 4-15 和表 4-16 可知，10kV 系统故障线路所带分支越多，故障线路越短，故障线路发生单相接地故障时母线开关动作前后的故障点电压值整体水平越低。

二、故障接地电阻及电站接地电阻对故障点电压影响

考虑较为严重情况，取上述故障点电压水平最高的线路，10kV 系统带 5 条线路：20km 架空 +10km 电缆混联线路、10km 电缆线路、40km 架空线路、5km 电缆线路、25km 架空 +（20km 架空 +10km 电缆混联线路、5km 电缆、6.5km 电缆）混联线路，故障线路为：25km 架空 +（6.5km 电缆线路）混联线路。

（一）故障接地电阻影响

电站接地电阻仍设为 0.5Ω，不同故障电阻下母线开关动作前后的故障电压值如表 4-17 所示。

表 4-17　不同故障电阻下母线开关动作前后的故障点电压值

故障接地电阻（Ω）	故障点位置	母线开关动作前故障点电压（V）	母线开关动作后故障点电压（V）
1	末端	99.6	81.1
	中间	99.7	85.3
	首端	113.6	37.9
10	末端	937.8	635.9
	中间	944.3	661.8
	首端	1110.0	54.1
100	末端	3882.0	1686.0
	中间	3950.0	1676.0
	首端	5097.0	56.6
1000	末端	4554.0	1931.0
	中间	4595.0	1892.0
	首端	5772.0	56.8

由表 4-17 可知，故障接地电阻越大，故障线路不同位置发生单相接地故障时，母线开关动作前后的故障点电压值整体水平越高。

（二）电站接地电阻影响

故障接地电阻仍设为 10Ω，不同电站接地电阻下母线开关动作前后的故障点电压值如表 4-18 所示。

表 4-18　不同电站接地电阻下母线开关动作前后的故障点电压值

电站接地电阻（Ω）	故障点位置	母线开关动作前故障点电压（V）	母线开关动作后故障点电压（V）
0.1	末端	937.8	648.8
	中间	951.3	675.9
	首端	1015.0	11.3
0.2	末端	937.8	645.5
	中间	951.3	672.3
	首端	1015.0	22.3

电站接地电阻（Ω）	故障点位置	母线开关动作前故障点电压（V）	母线开关动作后故障点电压（V）
0.5	末端	937.8	635.9
	中间	944.3	661.8
	首端	1110.0	54.1
1	末端	937.8	620.3
	中间	951.3	645.1
	首端	1015.0	103.3

由表 4-18 可知，电阻接地电阻越大，故障线路首端发生单相接地故障时，母线开关动作后的故障点电压值越大，整体水平越高；故障线路中间和末端发生单相接地故障时，母线开关动作后的故障点电压值越小。

三、加装柱上开关对故障点电压影响

考虑较为严重情况，一般电站接地电阻小于 0.5，电站接地电阻 0.5。当人体触电电压为 500 ～ 1000V 时，人体电阻约为 1000，故障点接地电阻取 1000Ω，取上述故障点电压水平最高的线路，10kV 系统带 5 条线路：20km 架空 +10km 电缆混联线路、10km 电缆线路、40km 架空线路、5km 电缆线路、25km 架空 +（20km 架空 +10km 电缆混联线路、5km 电缆、6.5km 电缆）混联线路，故障线路为：25km 架空 +（6.5km 电缆线路）混联线路。柱上开关电阻暂取 1Ω。

（1）分别在线路中间和末端装设柱上开关。故障线路中距柱上开关最远距离分别为架空线中点及电缆线路中点。母线开关、柱上开关动作前后的故障线路各点线路电压值如表 4-19 所示。

表 4-19　分别在线路中间和末端装设柱上开关时，母线开关、柱上开关动作前后的故障线路各点线路电压值

故障点位置	母线开关动作前故障点电压（V）	母线开关动作后故障点电压（V）	柱上开关动作后故障点电压（V）
末端	4554	1931.0	31.1
电缆线路中点	4575	1912.0	44.2
中间	4595	1892.0	55.3
架空线中点	5155	946.0	30.5
首端	5772	56.8	45.0

（2）分别在线路首段、中间、末端以及每 3km 电缆线路、每 10km 架空线路装设柱上开关。单位长度的电缆线路电容远大于架空线，故柱上开关在电缆线路上的装设密度应大于架空线路，每 12km 架空线路、每 3km 电缆线路装设柱上开关时，线路任何一点发生单相接地故障，则可通过故障选线和定位技术闭合母线开关、首端、中间以及故障点附近两端的柱上开关，架空线中距离柱上开关最远距离为 6km，电缆中距离柱上开关最远距离为 1.5km。母线开关、柱上开关动作前后的故障线路各点线路电压值如表 4-20 所示。

表 4-20　分别在线路首端、中间、末端以及每 3km 电缆线路、每 10km 架空线路装设柱开关时，母线开关、柱上开关动作前后的故障线路各点线路电压值

故障点位置	母线开关动作前故障点电压（V）	母线开关动作后故障点电压（V）	柱上开关动作后故障点电压（V）
末端	4554	1931.0	20.3
距末端 1.5km	4564	1921.0	21.4
电缆线路中点	4575	1912.0	20.5
距末端 4.5km	4585	1902.0	33.8
中间	4595	1892.0	34.3
距首端 12km	4869	1421.0	21.8
架空线中点	5155	946.0	21.9
距首端 6km	5452	468.9	24.8
首端	5772	56.8	29.4

由表 4-20 可知，分别在线路首段、中间、末端以及每 3km 电缆线路、每 10km 架空线路装设柱上开关，当母线开关和柱上开关动作后，可将线路中任一点的故障点电压限制在 36V 以下，即人体安全电压以下。

第五章

工程应用及成效

针对目前配电网因单相接地故障必须解决的问题：必须把各类过电压限制到安全水平，遏制谐振发生；必须尽快熄灭接地电弧，保证人身安全；必须快速准确地选出故障线路。熄灭接地电弧、限制了弧光接地过电压，故障的发展得到有效控制，并可以做到保证至少能安全运行 2h，给转移负荷的倒闸操作留出了充裕的时间。但倒闸操作的前提是故障线路已被确定，这就需要快速准确选出故障线路。

第一节　基于接地旁路法的消弧装置及其性能测试

一、解决问题的办法

（一）快速准确的小电流选线研制

选线原理采用"特征量筛选放大法"，此方法选线速度快，可在接地故障发生后 3ms 内选出故障线路。线路零序电流关系如图 5-1 所示。

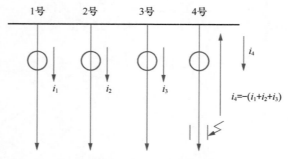

图 5-1　线路零序电流关系

当发生接地时，零序电压会触发选线装置进入采集状态采集各回路零序电流，经过特殊处理取出数据后进行第一阶段运算。如 1、2、3、4 号线的电流分

别为 +4A、+5A、+6A、−15A。如果是弧光接地，消弧设备把弧光接地强行变为金属接地，选线装置再进行采集状态采集各回路零序电流，根据本次数据进行第二阶段运算。此时接地 1、2、3、4 号线的电流方向一致，可能约为 +4A、+5A、+6A、+5A，此时四条线路电流分别与第一阶段的 +4A、+5A、+6A、−15A 分别相减的增量差为 0A、0A、0A、20A，故障线（4 号线）的增量为 20A，是增量最大的一路线，即可选出故障线。

（二）快速断路器的研制

快速断路器可分相控制（三相三机构、单相控制），采用特制带触发间隙真空泡，可在收到合闸信号后 2μs 导通开关，解决了快速熄灭电弧的问题。

快速断路器参数为：①额定电压为 12kV；②额定电流为 630A；③机械合闸时间小于 15ms；④电气合闸时间小于 2μs；⑤开断电流为 40kA；⑥主回路电阻小于 100μΩ；⑦机械寿命大于 10000 次；⑧操动电压为 DC220V。

断路器三相操动结构和操作回路相互独立，当任一相动作后，另外两相应被可靠闭锁（电气、机械），不允许再合闸。当接地故障消失后，接地相开关可自动复归（包括远方复归），当又发生接地故障后，可再次动作。

（三）自限流强阻尼抑制器研发

自限流强阻尼抑制器能够实现连续快速消谐，基波谐振的消谐时间约为 1.56s，分频谐振的消谐时间约为 2.1s。在 3.5 倍过电压下，限流消谐器能够将电压互感器激磁电流限制在 100mA 以下。

利用电阻的阻尼作用，可破坏其谐振条件，使谐振消除。自限流强阻尼抑制器串联安装在电压互感器中性点与地之间，正常运行状态下电阻为 40kΩ 左右，而电压互感器一次绕组的阻抗为兆欧级，因此不会对电压互感器的各项性能产生影响，同时也不会明显改变系统的各项参数。当电压互感器发生谐振时铁芯饱和，一次绕组激磁电流增加，一次限流消谐器温度升高，电阻值快速增大，发挥出阻尼作用。而且谐振能量越大，一次限流消谐器的消谐时间越短。

二、SHK-KX-II 型柱上开关式配网消弧选线装置

（一）SHK-KX-II 项目的整体设计思路

基于柱上开关式的配网消弧消谐选线装置由站内柱上开关消弧消谐装置（包括站内选线模块）、一级分站选线装置、二级分站选线装置、分相户外柱上接地开关、各装置的通信模块及系统通信主站构成，如图 5-2 所示。

（1）总站配置开关消弧及总站型组网选线。开关消弧负责整条母线的接地故障控制，将线路接地故障转换为总站稳定的金属接地。总站组网选线负责整条母线的故障定位，总站选线和分站选线通过光纤进行数据交换。

（2）一级分站配置分站型选线。一级分站型选线负责一级站选线数据采集，并将采集数据通过光纤送至总站选线集中判断。

（3）二级分站配置分站型选线。二级分站型选线负责二级站选线数据采集，并将采集数据通过光纤送至总站选线集中判断。

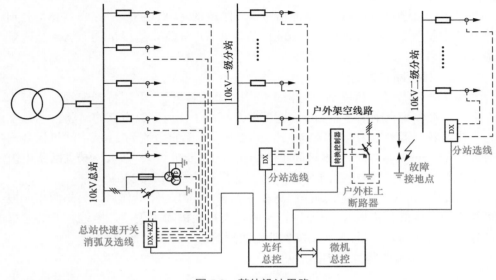

图 5-2　整体设计思路

（4）一级分站至二级分站户外架空线路配置分相户外柱上接地开关。总站消弧柜动作接地后，因负荷电流和线路阻抗影响会在线路故障点形成一个危险电压（如线路阻抗 0.5Ω、线路负荷电流 600A，即故障点对地会有 300V 电压），此电压对人体安全也会造成伤害。分相户外柱上接地开关负责将接地点附近电压钳制在安全范围内。

动作逻辑：总站消弧开关动作后，通过光纤及总控发信号给分相户外柱上开关对应相合闸。总站消弧开关复归后，通过光纤及总控发信号给分相户外柱上开关对应相分闸。分相户外柱上开关同时将自身辅助接点通过光纤反馈给总站消弧控制器参与辅助判断。

（5）光纤总控。负责各功能单元数据连接及传输，并将总站消弧和选线结果报给微机总控。同时将相关的电压电流监测量及故障时录波数据传送至南瑞微机总控。

（6）微机总控。负责将总控（各功能单元的数据）传送提报给用户综合自动化后台。用户综合自动化后台的指令反馈给总控。

（二）总站柱上开关消弧及选线装置

该装置主要由全绝缘电压互感器 TV，具有消弧消谐选线等功能、可分相控制的快速接地开关、大能容三相组合式过电压保护器 BOD、高压隔离开关 GN、半导体自限流抑制器 DR、电流互感器 TA 和接地测量电流表等组成，见图 5-3。

1. 装置的工作原理

系统正常运行时，装置面板显示系统运行电压、开口三角形电压以及装置运行状态；当开口三角形电压 $U\Delta$ 由低电平变成高电平时，表明系统发生故障，微机综合控制器 ZK 立即启动中断，进入故障类型判别和线路零序电流的数据采集程序，微机综合控制器根据电压互感器二次输出信号 U_a、U_b、U_c 进行单相接地、断线运行等故障类型和相别的判断；当系统发生单相接地故障时，则在 3ms 之内控制故障相接地开关合闸，将故障相直接接地，熄灭接地电弧，并将弧光接地过电压限制在线电压的水平，控制故障的发展；同时小电流选线模块根据电弧熄灭前后只有故障线路零序电流变化最大，而非故障线路基本不变这一重要特征（即最大增量原理），3ms 准确地给出故障线号；当发生断线故障时，装置发出报警信号并输出开关量接点，以便用户对有可能因断线运行导致误动作的继电保护进行闭锁。

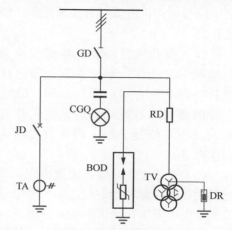

图 5-3 总站柱上开关消弧及选线装置原理图

2. 装置的技术参数指标

设备参数为：①额定电压为 10kV；②最高工作电压为 12kV；③额定电流为 630A；④额定短路开断电流为 40kA；⑤机械合闸时间小于 15ms；⑥机械分闸时间小于 6ms；⑦电气合闸时间小于 2μs；⑧接地选相时间小于 3ms；⑨接地选线时间小于 3ms；⑩ 设备 1min 工频耐压为 42kV，雷电冲击耐压为 75kV；⑪ 动稳定电流为 100kA（峰值）；⑫ 开关柜外形尺寸（高 × 宽 × 深）为 2300mm×800（1000）mm×1500mm（标准柜）。

3. 装置的功能设计

（1）运行监测功能。正常运行时，装置面板上显示系统运行电压，并可与上一级实现数据远传，还能向外部回路提供二次电压信号，取代常规的电压互感器柜及其监测仪表。

（2）接地故障控制功能。系统发生单相接地故障时，装置能在 3ms 之内将故障相直接接地，装置控制器发出报警并输出继电器触点信号，熄灭接地电弧，将非故障相的弧光接地过电压限制在线电压的安全水平，有效地控制故障的进一步发展，并能维持系统带单相接地故障至少运行 2h，以保证足够的倒闸操作时间。同时控制器需要联动控制架空线路的户外柱上开关，当总站合闸立即发出信号合户外柱上分相开关，当总站分闸立即发出信号分户外柱上分相开关。同时对户外柱上分相开关的状态进行监控。

（3）接地选线功能。作为总站选线控制装置，能对各分站选线数据接收并综合判断，找出具体故障线路；基于最大增量原理的小电流选线模块，根据电弧熄灭前后各条线路零序电流的变化，快速准确地选出故障线路，并在面板上给出故障线号。无论消弧装置接地保护功能是否投入运行，小电流选线装置应能正常工作。

（4）自动恢复功能。装置动作30s后自动复位一次，若属于瞬时性接地故障则不再动作，系统恢复正常运行，若属于永久性接地故障，则故障相接地开关再一次合闸后不再分闸。装置具有远方复位的功能，满足无人值守变电站的要求。装置动作后又发生非故障相绝缘对地击穿时，故障相接地开关在5ms左右快速分闸，避免发生两相短路，同时无需人为干预自动做好下次动作准备。

（5）过压限制功能。装置内应装设自脱离免维护组合式过电压保护器，应能把发生在相对地和相与相之间的过电压限制到较低的水平，发生单相弧光接地时可把过电压限制在线电压的安全水平。

（6）消除谐振功能。装置采用抗饱和电压互感器并在一次绕组中性点加装半导体自限流强阻尼抑制器，能有效破坏铁磁谐振条件，强迫电压互感器退出饱和状态，防止深度饱和引起电压互感器严重过载。

（7）故障报警功能。当系统运行电压高于控制器整定的过电压值时，装置面板显示过电压故障、三相电压值、并提供报警信号；当系统电压低于测控装置整定的低电压值时，测控装置显示屏显示低电压故障、三相电压值、并提供报警信号。

（8）事件记忆功能。装置可记录不小于20次故障的类型、发生时间及故障时的电气量，为故障的分析与处理提供有效信息，还能记录现场参数设置和功能设置的时间，便于事故分析。

（9）数据远传功能。装置应设置RS-485和光纤接口对外通信，能与站内微机光纤总控进行数据交换，采用协议符合站内通信要求。

（三）结构设计

经过现场考察初步安装位置如图5-4～图5-7所示。

三、基于接地旁路法的消弧装置开发

利用基于接地旁路法的消弧技术研制的消弧装置样机已在实际配电系统中投入试运行，本次试验对基于接地旁路法的消弧装置进行运行性能测试，通过

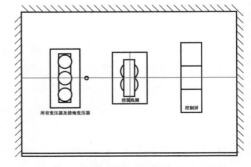

图5-4　原接地变压器消弧线圈位置

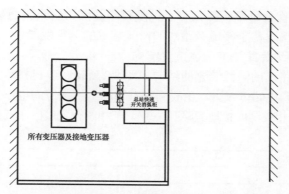

图 5-5　安装总站型柱上开关消弧装置改造后布置图

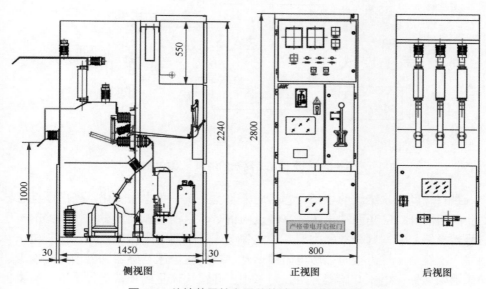

图 5-6　总站基于柱上开关的消弧装置结构图

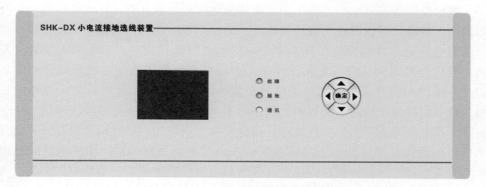

图 5-7　一、二级分站选线面板图

在线路上人工设置金属性、弧光和小电阻接地故障，记录消弧装置的动作情况，然后根据测试结果对基于接地旁路法的消弧装置的运行性能进行综合评估。

（一）基于接地旁路法的消弧装置结构

基于接地旁路法的消弧装置的结构如图 5-8 所示。装置整体集成在消弧柜内，通过断路器连接到电站母线上，主要由带有辅助二次绕组的电压互感器 TV、微机控制器 ZK、可分相控制的接地旁路开关 JZ、三相组合式过电压保护器 TBP 等组成。

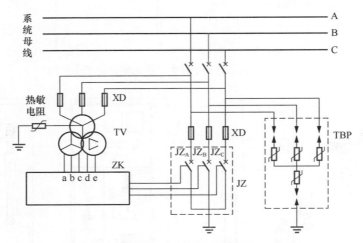

图 5-8　基于接地旁路法的消弧装置的结构

带有辅助二次绕组的电压互感器用来监测系统三相电压变化，当电压互感器二次绕组的开口三角两端电压升高超过阈值时，启动消弧装置微机控制器的电压信号转换器，立即判别故障类型，若发生电压互感器铁磁谐振故障，由于电压互感器一次绕组中性点接有热敏电阻消谐器，在发生电压互感器铁磁谐振时能迅速动作消除谐振，电压互感器开口三角形电压能很快恢复到正常运行水平，装置也恢复到初始状态。

微机控制器是对系统的电压和电流信号进行处理和计算，完成故障判别、故障选相、故障选线以及发出接地旁路开关动作信号等功能，根据电压互感器开口三角形电压完成单相接地故障判别，再启动故障选相程序，对故障相别进行判断，然后向接地旁路开关发出合闸信号。微机控制器还需要完成故障选线的功能，在接地旁路开关动作后，控制器根据故障电流录波信号进行故障线路的识别，然后根据故障线路的类型不同而发出不同的信号，若发生故障的线路为架空线路，其上故障大多为弧光性故障，则需要在一段时间后向接地旁路开关发出分闸信号，开关分闸后若电压互感器开口三角形电压恢复正常，即接地故障已消除，控制器恢复到初始状态；反之，分闸后电压互感器开口三角形电压仍超过阈值的情况则应再次启动故障选相程序，然后发出接地旁路开关合闸信号。但是，若发生故障的线路为电缆线路，则控制器就需要发出接地旁路开关分闸信号，应保持开关在合闸状态，以确保沿线故障相电压处于安全值。

分相控制的接地旁路开关能够在很短的时间内完成合闸和分闸动作，在接收到控制器 ZK 发出的合闸信号后相应相别的开关快速动作合闸，将系统馈线上的接地故障转移到系统母线上的金属性接地；若接收到控制器的分闸信号，则相应相别的开关迅速分闸，切断单相接地故障电流，若故障消失则系统随机恢复正常运行。

三相组合式过电压保护器的功能是在基于接地旁路法的消弧装置动作前将系统三相电压限制在一定范围内，避免出现极其严重的过电威胁设备安全。同时，为了保证电压互感器以及消弧柜内其他设备的安全，电压互感器和接地旁路开关与母线的连接线上均安装了熔断器 XD，在出现电流异常升高的情况下可快速熔断，将装置从系统中断开，以保护设备安全。

（二）试验方案

1. 试验变电站 10kV 系统简介

试验变电站 10kV 系统采用单母分段接线并带旁路母线，共 11 条出线，系统主接线如图 5-9 所示，其中出线 1～出线 6 连接在母线 I 段上，出线 7～出线 11 连接在母线 II 段上，出线 5 和出线 9 为全线电缆线路，其他出线均通过电缆引出后由架空线送出。电站两段母线上均安装一台基于接地旁路法的消弧装置，型号为 SHK-KX-12-1250/40。

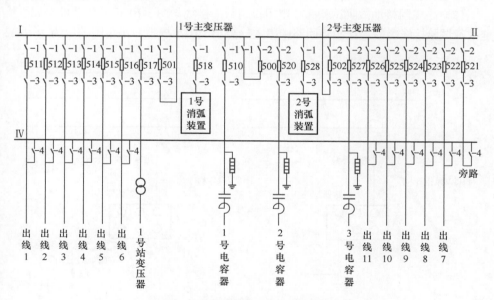

图 5-9　试验变电站 10kV 系统主接线

2. 试验方法

在变电站 10kV 系统的几条出线上随机模拟单相接地故障，故障类型包括金属性接地故障、弧光接地故障和小电阻接地故障，在出线发生单相接地故障后，观察电站内基于接地旁路法的消弧装置的动作状态，记录动作时间；在开关动作后测量母线电压，并读取消弧装置柜内电流值；另外测量接地点在开关动作前和动作后的电流值。

本次试验在电站的出线1、出线2和出线8这3条馈电线路上进行，这3条线路均是通过电缆引出后由架空线送出，分别标记为线路①、②、⑧。在线路①和线路②上分别进行2次金属性接地故障和2次弧光接地故障，线路⑧上进行4次金属性接地故障和4次弧光接地故障；小电阻接地故障则在线路②和线路⑧上分别进行2次，共进行20次人工接地故障试验。

（1）金属性接地故障试验。金属性接地的试验接线如图5-10（a）所示。断路器采用柱上开关，试验时将断路器进线侧B相与出线侧A相、进线侧C相与出线侧B相分别进行可靠连接。断路器进线侧A相与被试线路待接地相可靠连接，出线侧C相经仪用电流互感器可靠接地。

（2）弧光接地故障试验。弧光接地的试验接线如图5-10（b）所示，其中弧光接地以放电间隙产生，为保证可靠起弧，间隙距离调整至1～2mm。试验时将断路器进线侧B相与出线侧A相、进线侧C相与出线侧B相分别进行可靠连接，断路器进线侧A相与被试线路待接地相可靠连接，出线侧C相经放电间隙及仪用电流互感器可靠接地。

（3）小电阻接地故障试验。小电阻接地故障接线与图5-10（a）所示的金属性接地故障试验接线类似，在故障回路中串入一个小电阻来模拟，小电阻的值约为10Ω。

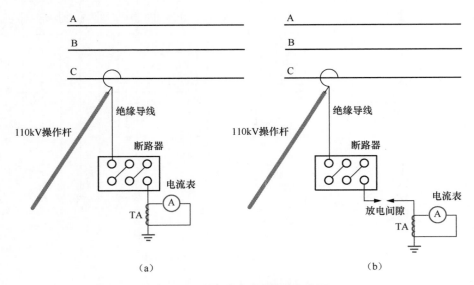

图5-10　接地故障试验接线示意图
（a）金属性接地试验；（b）电弧接地试验

（三）试验结果及分析

1. 金属性接地故障时装置消弧性能分析

在 3 条线路上进行 8 次金属性接地故障试验，基于接地旁路法的消弧装置动作后母线三相电压以及动作前后故障点电流及基于接地旁路法的消弧消谐装置内的转移电流测量结果如表 5-1 所示。

表 5-1　金属性接地故障时消弧装置测试结果

试验次数	试验线路	接地相/接地方式	消弧装置工作状态			消弧消谐装置动作后电压值（kV）				人工接地点接地电流（A）	
			动作状态	动作时间（ms）	柜内接地电流（A）	A相	B相	C相	中性点	动作前	动作后
1	①	C相/金属	C相动作	21.4	111.6	10.1	10.0	/	6.0	111.4	1.8
2	①	C相/金属	C相动作	21.2	112.8	10.2	10.1	/	6.0	105.0	0.5
3	②	A相/金属	A相动作	22.4	121.3	/	10.5	10.4	6.2	115.9	10.4
4	②	A相/金属	A相动作	21.3	122.3	/	10.5	10.3	6.3	115.1	14.4
5	⑧	C相/金属	C相动作	20.2	117.1	10.2	10.1	/	6.0	113.7	13.6
6	⑧	C相/金属	C相动作	20.8	118.8	10.2	10.2	/	6.0	114.0	10.9
7	⑧	C相/金属	C相动作	21.4	118.8	10.2	10.1	/	6.0	114.0	9.6
8	⑧	C相/金属	C相动作	21.3	116.3	10.3	10.1	/	6.0	119.5	11.0

注　相电压用"/"代表，表示电压较低。

其中，在线路①上进行金属性接地故障试验时，基于接地旁路法的消弧装置内测得的电压和电流波形如图 5-11 所示，图中波形从上到下依次是 A 相、B 相、C 相、零序电压波形和通过接地旁路开关入地的电流波形。流过故障点的电流波形如图 5-12 所示。

根据得到的测试数据，针对中性点不接地系统发生单相金属性接地故障后基于接地旁路法的消弧装置的动作性能，可以归纳出以下结论：

（1）在进行的 8 次金属性接地故障试验中，基于接地旁路法的消弧装置均能正确动作，将故障相接地旁路开关合闸，并且动作时间均控制在 20ms 左右，即实现一个周波的时间快速消除接地故障。

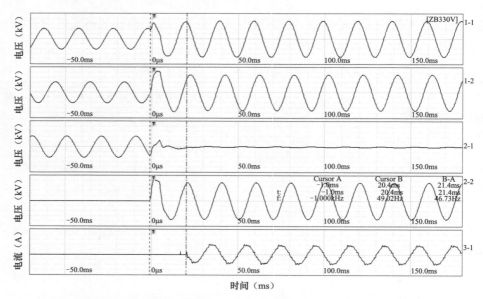

图 5-11　线路①金属性接地故障时基于接地旁路法的消弧装置内电压和电流波形

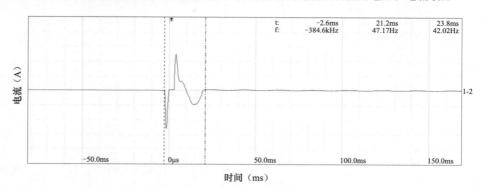

图 5-12　线路①金属性接地故障时故障点电流波形

（2）分析接地旁路开关动作后接地点的电流发现，金属性接地故障时，故障点还存在一些残流，特别是在线路②和线路⑧上进行接地故障试验时，接地点残流较大。一方面主要是金属性接地故障接地过渡电阻较小，与站内接地旁路开关接地点过渡电阻相差不太大，导致开关合闸后线路接地点仍有部分残流；而且对线路②和线路⑧进行接地试验时，接地故障点设置在靠近电站的杆塔附近，土壤电阻率低，接地过渡电阻很小，所以接地残流相对较大，但是相比于装置动作前的故障电容电流来说，接地残流的幅值大幅度降低。

（3）基于接地旁路法的消弧装置动作后母线故障相电压均接近零，可以有效保证故障相沿线电压处于较低值；非故障相电压也均维持在线电压左右。

2．弧光接地故障时装置消弧性能分析

在 3 条线路上进行 8 次弧光接地故障试验，基于接地旁路法的消弧装置动作后母线三相电压、动作前后故障点电流及基于接地旁路法的消弧消谐装置内的转移电流测量结果如表 5-2 所示。

表 5-2　弧光接地故障时消弧装置测试结果

试验次数	试验线路	接地相／接地方式	消弧装置工作状态			消弧消谐装置动作后电压值（kV）				人工接地点接地电流（A）	
			动作状态	动作时间（ms）	柜内接地电流（A）	A相	B相	C相	中性点	动作前	动作后
1	①	C相／弧光	C相动作	21.4	111.5	10.1	10.0	/	6.0	111.4	0
2	①	C相／弧光	C相动作	21.2	112.8	10.2	10.1	/	6.0	105.0	0
3	②	A相／弧光	A相动作	21.5	114.2	/	10.4	10.1	6.0	127.5	0
4	②	A相／弧光	A相动作	21.0	114.9	/	10.3	10.1	6.0	127.1	0
5	⑧	C相／弧光	C相动作	21.4	121.3	10.4	10.1	/	6.0	167.5（峰值）	0
6	⑧	C相／弧光	C相动作	21.2	122.0	10.3	10.4	/	6.1	449.3（峰值）	0
7	⑧	C相／弧光	C相动作	20.6	117.4	10.5	10.4	/	6.2	384.0（峰值）	0
8	⑧	C相／弧光	C相动作	19.8	116.0	10.3	10.5	/	6.1	345.6（峰值）	0

其中，在线路①上进行弧光接地故障试验时，基于接地旁路法的消弧装置内测得的电压和电流波形如图 5-13 所示，图中波形从上到下依次是 A 相、B 相、C 相、零序电压波形和通过接地旁路开关入地的电流波形。流过故障点的电流波形如图 5-14 所示。

根据得到的测试数据，针对系统发生单相弧光接地故障后基于接地旁路法的消弧装置的动作性能，可以归纳出以下结论：

（1）在进行的 8 次弧光接地故障试验中，基于接地旁路法的消弧装置均能正确动作，将故障相接地旁路开关合闸，同样的可将动作时间控制在 20ms 左右。

（2）与金属性接地故障情况有区别的是对于弧光接地故障，接地旁路开关动作合闸后，故障点残流均为0，说明消弧装置能够达到完全熄弧的目的。

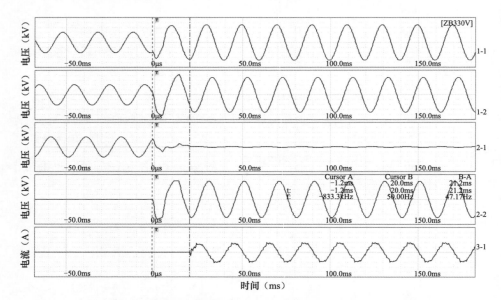

图 5-13　线路①弧光接地故障时基于接地旁路法的消弧装置内电压和电流波形

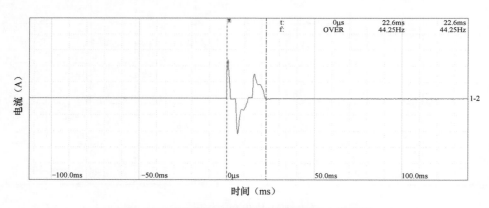

图 5-14　线路①弧光接地故障时故障点电流波形

（3）弧光接地故障时，基于接地旁路法的消弧装置动作后母线故障相电压均接近零，非故障相电压也均维持在线电压左右，不会产生间歇性弧光接地过电压，危害设备和线路绝缘。

3. 小电阻接地故障时装置消弧性能分析

在线路②和线路⑧上进行 4 次小电阻接地故障试验，基于接地旁路法的消弧装置动作后母线三相电压以及动作前后故障点电流及基于接地旁路法的消弧消谐装置内的转移电流测量结果如表 5-3 所示。

表 5-3　小电阻接地故障时消弧装置测试结果

试验次数	试验线路	接地相/接地方式	消弧装置工作状态			消弧消谐装置动作后电压值（kV）				人工接地点接地电流（A）	
			动作状态	动作时间（ms）	柜内接地电流（A）	A相	B相	C相	中性点	动作前	动作后
1	②	A相/小电阻	A相动作	20.4	116.7	/	10.2	10.2	6.1	117.1	0
2	②	A相/小电阻	A相动作	21.6	116.1	/	10.3	10.1	6.2	116.8	0
3	⑧	C相/小电阻	C相动作	22.4	117.4	10.3	10.2	/	6.0	112.7	0
4	⑧	C相/小电阻	C相动作	22.2	118.8	10.3	10.3	/	6.0	114.1	0

根据表 5-3 得到的测试数据，针对小电阻接地故障时基于接地旁路法的消弧装置的动作性能，可以归纳出以下结论：

（1）基于接地旁路法的消弧消谐装置在小电阻接地故障情况下能正确动作，并且动作时间控制在 20ms 左右。

（2）在小电阻接地故障情况下，基于接地旁路法的消弧装置动作后故障点电流能够下降为零，因为故障点的过渡电阻比站内母线经接地旁路开关入地电阻大，且相差较为明显。

（3）小电阻接地故障时，基于接地旁路法的消弧装置动作后母线故障相电压均接近零，对故障点电压有很好的限制作用。

4. 选线装置准确性分析

基于接地旁路法的消弧装置中集成的小电流选线装置在装置动作后根据故障录波数据对系统进行故障选线，在试验变电站中，共进行了 20 次单相接地故障试验，即完成 20 次故障选线，选线装置正确选线次数为 18 次，选线准确率为 90%，选线准确率远高于中性点经消弧线圈接地的配电系统。

安装基于接地旁路法的消弧装置的电站选线准确率较高的主要原因是系统电容电流较谐振接地系统大，便于选线装置的测量和判断，另外，接地旁路开关装置在动作前后故障线路零序电流明显的翻相过程与原有的零序电流比幅比相法相结合，大大提高了故障线路的识别准确性。

对于其中选线错误的两次试验，分析原因可能是电流互感器的精度受多方面因素的影响，例如励磁电流的存在会直接导致互感器一次侧和二次侧点电流相位存在一定角差，而且零序电流互感器存在非线性特性，也会造成电流互感器测量误差，这些误差必然导致基于零序电流幅值和相位比较原理的选线装置出现误差。

四、基于接地旁路法的消弧装置性能综合评价

综合上一章的接地旁路开关消弧的物理过程仿真结果以及在实际电站中安装基于接地旁路法的消弧装置并对其进行模拟试验的结果，对基于接地旁路法的消弧装置的性能进行评价：

（1）基于接地旁路法的消弧装置对故障类型和故障相别的判断结果和动作状态是可靠的，能够实现故障相接地旁路开关金属性接地的基本功能。

（2）当中性点不接地的配电系统发生单相弧光接地故障时，基于接地旁路法的消弧装置正确动作后，将弧光接地转化为金属性接地，接地电弧能够很快熄灭，消除了电弧对故障点造成的损害，防止因电弧漂移造成的相间短路，避免了更严重的事故发生；而且系统过电压水平也得到了有效的限制，对系统内的弱绝缘设备以及电缆线路是非常有利的，因此，基于接地旁路法的消弧装置能够有效的防止弧光接地过电压对系统造成危害。

（3）当中性点不接地的配电系统发生单相金属性接地故障时，虽然基于接地旁路法的消弧装置动作后故障点电流未降低到零，但是其幅值已经得到了大幅度的减小，故障电流对故障点的威胁也是大大降低；而且实际系统中可能发生的接地故障形式都是存在一定的过渡电阻的，而基于接地旁路法的消弧装置在小电阻接地故障的情况能够很好地实现故障转移功能，以确保故障点的绝缘不会被进一步破坏，也避免了更严重的事故发生，特别是电缆线路中，将大大降低由单相接地故障发展成为相间短路故障的概率。

（4）实验中基于接地旁路法的消弧装置能够将动作消弧时间由控制在 20ms 左右，表明该装置能够在很短的时间（约为 1 个周波）完成将弧光接地转化为金属性接地过程，即使在接地故障电阻较大，故障判别和故障选相需要更长时间的情况下，装置也能够在 2 个周波内完成动作过程，动作时间短不仅对系统安全极为有利，同时也对发生触电时的人身安全有利。

（5）为了防止因选相错误导致的相间短路事故，基于接地旁路法的消弧装置控制器中设置了相间短路识别功能，可以控制接地旁路开关迅速分闸以避免对系统造成大的影响；而且基于接地旁路法的消弧装置的电压互感器和接地旁路开关均串联了高压限流熔断器组件，即使接地旁路开关没能迅速分闸，当电流超过允许值达到一定的时间，限流熔断器也会发生熔断，以避免对系统造成严重危害。因此基于接地旁路法的消弧装置具有较高的安全性。同时，由于装置采用的接地旁路开关对分合闸的电流值均有一定的要求，所以配电系统在选用消弧装置的型号时，必须保证接地旁路开关的额定电流满足系统要求。

（6）当弧光接地故障消除后，基于接地旁路法的消弧装置分闸断开金属性接地过程中，有可能激发铁磁谐振，而且在系统也有可能因其他的原因激发产生

铁磁谐振，而基于接地旁路法的消弧装置中电压互感器采取了非常有效的消谐措施，即该装置能够完成配电系统消弧和消谐的双重功能。

（7）基于接地旁路法的消弧装置中集成的零序电流选线装置可以综合开关动作前后的零序电流特征进行故障选线，对提高选线的准确率大有裨益。

综上，基于接地旁路法的消弧装置具有良好的安全性、有效性和可靠性，而且装置的安装对系统内其他设备几乎没有影响，可以保持中性点不接地运行方式，大大降低了安装和运行维护的成本，可以在 10kV 系统进行推广，并可在 35kV 系统挂网试运。

第二节　基于热敏电阻材料的消谐器开发及其性能测试试验

一、基于热敏电阻材料的消谐器开发

（一）基于热敏电阻材料的消谐器工作原理

热敏电阻在低温下呈现低阻，串联安装在电压互感器一次绕组中性点与地之间，当电压互感器发生谐振时，零序电压升高，电流流过热敏电阻，其电阻会上升，相应的热敏电阻接线方式如图 5-15 所示。因此可以选择热敏电阻制作电压互感器一次消谐器。正温度系数（positive temperature coefficient，PTC）材料是目前应用比较广泛的一种热敏电阻材料，通常用于电子设备的过流保护。PTC 具有正温度系数，在一定的转变温度（居里温度点）下发生相变，其电阻率迅速增加至极限值（可增大 3 ～ 7 个数量级），发生半导体和绝缘体的相互转变。反之，当 PTC 热敏电阻从高温的环境降至常温时，其阻值也会随之下降到低阻状态。采用 PTC 热敏电阻串入电压互感器中性点，当电压互感器发生谐振时铁芯饱和，一次

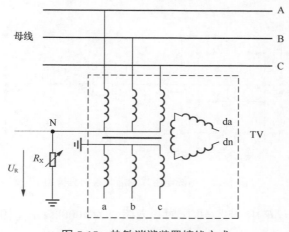

图 5-15　热敏消谐装置接线方式

绕组激磁电流增加，PTC 热敏电阻温度升高，电阻增大，能够较好地发挥出阻尼作用。而且谐振能量越大，PTC 的消谐时间越短。因此，采用 PTC 材料作为阻尼元件，谐振过电压的幅值越大，消谐速度越快，对设备的绝缘越有利。正常运行状态下，PTC 热敏电阻呈现出较低的阻值，与电压互感器的实际运行工况相一致。热敏电阻式消谐装置如图 5-16 所示。

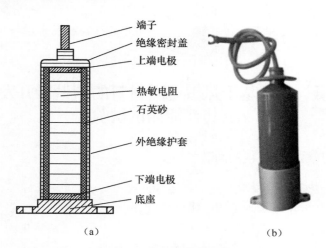

端子
绝缘密封盖
上端电极

热敏电阻
石英砂

外绝缘护套

下端电极
底座

（a） （b）

图 5-16　热敏电阻式消谐装置

（a）示意图；（b）实物图

（二）仿真验证

　　电压互感器一次侧中性点经热敏电阻式消谐装置接地的消谐方式，系统发生铁磁谐振后中性点电阻会很快升高，相当于运行时电压互感器中性点经电阻接地，发生铁磁谐振后在中性点随即投入阻值非常大的电阻，相应的仿真模型如图 5-17 所示。

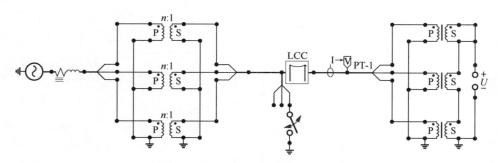

图 5-17　热敏电阻式消谐装置仿真模型

　　图 5-17 仿真模型中，设 $t=0.1s$ 时投入阻值为 4000kΩ 的电阻，得到各特征量的波形如图 5-18 所示。

通过上述热敏电阻型消谐装置仿真结果可知：电压互感器一次侧中性点投入大电阻后，大约 50ms 系统母线三相电压接近正常，开口三角形电压和流过电压互感器的三相电流逐渐趋于正常运行情况，及说明中性点串接的热敏电阻型消谐装置对电压互感器铁磁谐振有良好的抑制效果，电压互感器三相电流抑制在

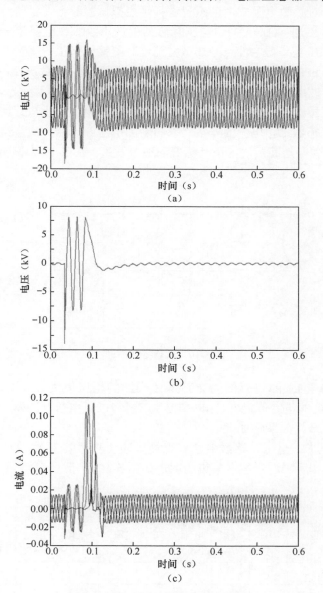

图 5-18　热敏电阻式消谐装置仿真结果
（a）消除电压互感器铁磁谐振时三相电压波形；（b）消除电压互感器谐振时电压互感器
开口三角形电压波形；（c）消除电压互感器谐振时电压互感器三相电流波形

200mA 以下，且消谐时间短，能够有效防止电压互感器一次侧熔断器熔断，同时防止电压互感器铁磁谐振对单相接地故障的判别造成干扰。

（三）试验验证

为避免 10kV 电压互感器在系统单相接地情况下出现烧电压互感器、爆保险情况的发生，对热敏电阻式消谐装置进行了模拟试验验证。试验分别对电压互感器中性点直接接地（工况①）、电压互感器中性点经 SiC 电阻型一次消谐器接地（工况②）、电压互感器中性点经热敏型消谐装置接地（工况③）共三种工况下单相接地发生时进行模拟试验，采集流过电压互感器 A、B、C 三相电流及电压互感器一次绕组中性点与地之间的电流。对三种工况下流过电压互感器 A、B、C 三相电流及电压互感器一次绕组中性点与地之间的电流幅值大小进行比较，找出最优的限制电压互感器三相电流的方案。以防治因电压互感器一次绕组电流激增而引发电压互感器保险熔断及烧电压互感器的现象发生。图 5-19 为试验接线原理图。

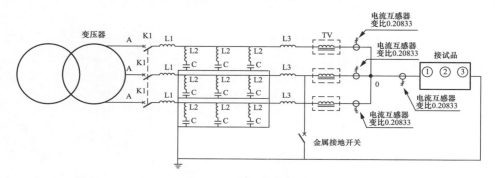

图 5-19　试验接线原理图

图 5-19 中，L1 的电感值为 2.056mH，L2 的电感值为 2.3mH，L3 的电感值为 41.71μH，C 的电容值为 0.22μF，TV 为三个 10kV 电压互感器，被试品在三种工况下的试验数据及图形如下。

（1）工况①：电压互感器中性点直接接地（共采集 3 次）。此工况下的数据统计表如表 5-4 所示，示波器采集的图形如图 5-20 所示。

表 5-4　工况①下数据统计表

试验次数	项目	A 相电流（A）	B 相电流（A）	C 相电流（A）	中性点与地之间电流（A）	a 相电压（V）	b 相电压（V）	c 相电压（V）	开口电压（V）
	变比	1	1	1	1	1	1	1	1
1	示波器读数（峰值）	0.808	1.07	1.539	2.221	167.7	0	157.497	157.584
	实际值	0.808	1.07	1.539	2.221	167.7	0	157.497	157.584

试验次数	项目	A相电流（A）	B相电流（A）	C相电流（A）	中性点与地之间电流（A）	a相电压（V）	b相电压（V）	c相电压（V）	开口电压（V）
2	示波器读数（峰值）	0.725	0.912	1.498	2.159	163.88	0	149.588	156.964
	实际值	0.725	0.912	1.498	2.159	163.88	0	149.588	156.964
3	示波器读数（峰值）	0.836	0.981	1.587	2.255	166.49		146.615	156.126
	实际值	0.836	0.981	1.587	2.255	166.49		146.615	156.126
	3次中最大值	0.836	1.07	1.587	2.255	167.7	0	157.497	157.584

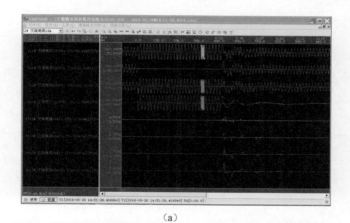

（a）

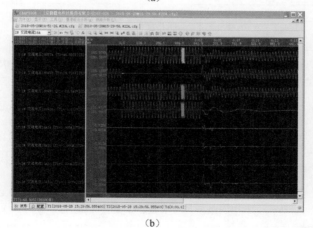

（b）

图 5-20　工况①下试验波形（一）

（a）工况①下第一次示波器采集图形；（b）工况①下第二次示波器采集图形

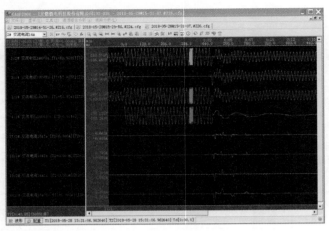

（c）

图 5-20　工况①下试验波形（二）

（c）工况①下第三次示波器采集图形

（2）工况②电压互感器中性点经 SiC 电阻型一次消谐器接地。此工况下的数据统计表如表 5-5 所示，示波器采集的图形如图 5-21 所示。

表 5-5　工况②下数据统计表

试验次数	项目	A相电流（A）	B相电流（A）	C相电流（A）	中性点与地之间电流（A）	a相电压（V）	b相电压（V）	c相电压（V）	开口电压（V）
	变比	1	1	1	1	1	1	1	1
1	示波器读数（峰值）	0.491	0.704	0.814	0.74	157.02	0	150.271	154.7
	实际值	0.491	0.704	0.814	0.74	157.02	0	150.271	154.7
2	示波器读数（峰值）	0.387	0.794	0.787	0.829	155.12	0	150.364	157.895
	实际值	0.387	0.794	0.787	0.829	155.12	0	150.364	157.895
3	示波器读数（峰值）	0.525	0.718	0.842	0.788	159.19	0	149.929	147.162
	实际值	0.525	0.718	0.842	0.788	159.19	0	149.929	147.162
	3次中最大值	0.525	0.794	0.842	0.829	159.19	0	150.364	157.895

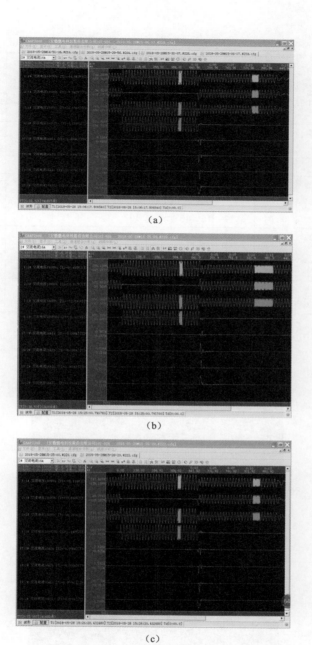

图 5-21　工况②下试验波形

（a）工况②下第一次示波器采集图形；（b）工况②下第二次示波器采集图形；
（c）工况②下第三次示波器采集图形

（3）工况③电压互感器中性点经热敏型一次消谐器接地。此工况下数据统计表如表 5-6 所示，示波器采集的图形如图 5-22 所示。

表 5-6 工况③下数据统计表

试验次数	项目	A相电流（A）	B相电流（A）	C相电流（A）	中性点与地之间电流（A）	a相电压（V）	b相电压（V）	c相电压（V）	开口电压（V）
	变比	1	1	1	1	1	1	1	1
1	示波器读数（峰值）	0.117	0.124	0.159	0.13	155.71	0	154.054	151.07
	实际值	0.117	0.124	0.159	0.13	155.71	0	154.054	151.07
2	示波器读数（峰值）	0.104	0.19	0.166	0.192	156.95	0	154.054	153.148
	实际值	0.104	0.19	0.166	0.192	156.95	0	154.054	153.148
3	示波器读数（峰值）	0.138	0.166	0.173	0.178	161.36	0	148.782	155.475
	实际值	0.138	0.166	0.173	0.178	161.36	0	148.782	155.475
	3次中最大值	0.138	0.193	0.173	0.192	161.36	0	154.054	155.475

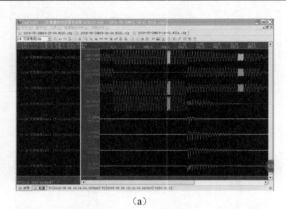

（a）

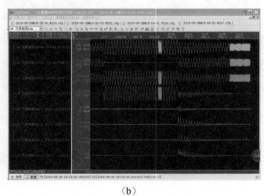

（b）

图 5-22 工况③下试验波形（一）

（a）工况③下第一次示波器采集图形；（b）工况③下第二次示波器采集图形

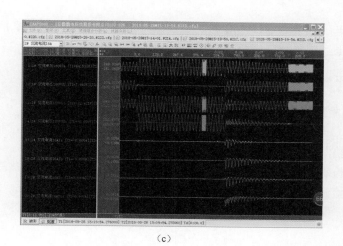

(c)

图 5-22　工况③下试验波形（二）

(c) 工况③下第三次示波器采集图形

按照工况①、②、③的汇总数据如表 5-7 所示。

表 5-7　工况①、②、③下数据统计表（A）

工况序号	工况名称	A 相电流最大值	B 相电流最大值	C 相电流最大值	中性点与地之间电流最大值
①	电压互感器中性点直接接地	0.836	1.07	1.587	2.255
②	电压互感器中性点经 SiC 电阻型一次消谐器接地	0.525	0.794	0.842	0.829
③	电压互感器中性点经一次热敏型消谐器接地	0.138	0.193	0.173	0.192
结论	最优方案	按照工况③接线			

（四）试验结论

在相同的电路参数条件下，在以上三种工况中，工况③对电压互感器 A、B、C 三相电流的限制作用较为明显，电流最大值为 0.1 ～ 0.2A，远低于电压互感器保险的额定电流，为最优的限制电压互感器三相电流的方案。工况②对电压互感器 A、B、C 三相电流有一定的限制作用，但超过了电压互感器保险的额定电流峰值。工况①远超过了电压互感器保险的额定电流峰值。

在电压互感器一次侧中性点串一次热敏型消谐器可以有效抑制单相接地消失时流过电压互感器中性点与地之间的电流和电压互感器一次侧电流，避免励磁电流激增而烧坏电压互感器。同时在系统正常工作时，零序电流很小，电压互感器开口三角形电压几乎为零，不会影响二次侧继电保护动作。发生单相接地时，未明显改变电压互感器开口三角形电压幅值。

二、基于热敏电阻材料的消谐器消谐能力测试分析

（一）试验内容和仪器设备

测试 PTC 热敏电阻型电压互感器铁磁消谐器消谐能力，主要试验内容包括：

（1）试验测量电压互感器的非线性单值曲线和磁滞回线。

（2）试验研究 PTC 对基波谐振的消谐能力。

（3）试验研究 PTC 对分频谐振的消谐能力。

试验所需仪器设备如表 5-8 所示。

表 5-8　试验用仪器设备

仪器设备名称	设备参数			
	额定电压（kV）	额定容量（kVA）	准确度	数量（台/套）
试验变压器	10	315	/	1
电压互感器	10	/	0.2	3
并联电容器	10	30	/	3
三相断路器	10	/	/	1
四通道示波器	/	/	/	1
暂态参数记录仪	/	/	/	1
交流电压表	/	/	0.2	1
交流电流表	/	/	0.2	1

（二）电压互感器的非线性特性曲线的测量

1. 电压互感器单值曲线

产生铁磁谐振的根本原因在于电压互感器铁芯的非线性性，实验将首先测量电压互感器的非线性特性曲线。根据现有测量设备，测量在电压互感器的二次绕组间进行。图 5-23 为测量得到的三个试验电压互感器的非线形特性曲线，横坐标是二次侧的空载电流，纵坐标是电压互感器二次侧的电压。可以看出，当二次侧电压的有效值小于大约 67V 时（一次侧小于 6.5kV 时），电压互感器的励磁电感基本上处于未饱和的线性段，电感相对较大；当大于 65V（一次侧电压大于 6.5kV）时，励磁电感出现饱和。电感值明显下降。在非线性段，随着电压的升高，三相电流出现快速增长。在线性段，三相的曲线基本是重合一致的。在非线性段，C 相与 A、B 两相稍有偏离。总体上看，三相电压互感器的对称性比较好。

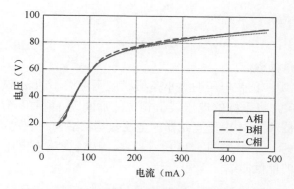

图 5-23　三相电压互感器外特性 *u-i* 的测量曲线

2. 电压互感器磁滞回线

为得到电压互感器铁芯每个瞬时电压电流值的关系，利用 DL708E 示波器实验对电压互感器二次绕组侧电压和空载电流同步采样，绘制了不同电压（有效值）下，电压互感器电压和电流 *u-i* 瞬时值曲线，图 5-24 为电压互感器二次绕组侧不同电压下，测量得到的电压与电流瞬时值曲线，图中黑粗实线为电压互感器额定工作电压下的 *u-i* 曲线。

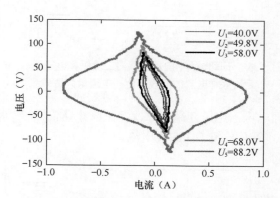

图 5-24　电压互感器二次侧采样电压电流的数据曲线

可以看出，在额定电压以下，回线面积较小，电压与电流基本可视为线性关系，根据测量得到的 *u-i* 曲线，利用电磁感应定律和准静态下麦克斯韦第二方程，可以得到电压互感器的磁滞回线。电磁感应定律应用于电压互感器二次绕组，即

$$u = N\frac{\mathrm{d}\varphi}{\mathrm{d}t} = NS\frac{\mathrm{d}B}{\mathrm{d}t} \tag{5-1}$$

式中：N 为电压互感器二次绕组的匝数；S 为铁芯的截面积；B 为磁通量；φ 为磁感应强度。由于电压和磁通是稳定的正弦波形，同时磁感应强度也为正弦形

式，式（5-1）对应相量形式为

$$\dot{U} = \mathrm{j}\omega NS\dot{B} \tag{5-2}$$

式中：ω 为电压角频率。

式（5-2）说明，正弦电压的大小是磁感应强度大小的 ωNS 倍。电压相位超前磁感应强度 90°。将采样的电压波形相位滞后 90°，并乘以 $1/\omega NS$，得到 B 的同时采样值。将图 5-24 中电压互感器的电压数据滞后 90°后作为纵坐标，原电流采样数据为横坐标，绘出如图 5-25 所示曲线，黑色虚线为电压互感器二次侧电压和电流最大值的单值曲线。

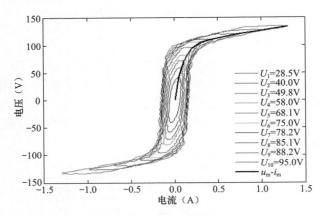

图 5-25　不同电压下电压互感器二次采样电压滞后 90°
后与采样电流的曲线和电压电流最大值曲线

图 5-26 为不同电压下电压互感器二次侧采样电压滞后 90°后与采样电流的曲线（5 种不同电压）以及单值 U-I 曲线电流。

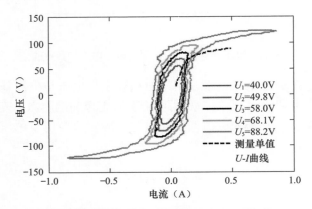

图 5-26　不同电压下电压互感器二次侧采样电压滞后 90°
后与采样电流的曲线以及单值 *U-I* 曲线

因为铁磁材料的非线性性，电流将发生畸变，一次侧空载下，根据准静态下麦克斯韦第二方程的积分形式为

$$\oint \vec{H} \cdot d\vec{l} = N_2 i \qquad (5\text{-}3)$$

忽略铁芯的漏磁，式（5-3）近似为

$$Hl = N_2 i \qquad (5\text{-}4)$$

式中：l 是铁芯的等效磁路长度。电压互感器二次绕组侧空载电流与磁场强度大小成正比，相位相同。将采样的电流值乘以 N_2/l 就得到 H 的同时采样值。

根据式（5-2）和式（5-4），在已知电压互感器绕组匝数和铁芯尺寸的情况下，通过测量 u-i 曲线，可以绘制出电压互感器二次绕组侧不同电压下的磁滞回线。

图 5-27 为 N_2=15，S=0.03m^2，L=0.35m 时所绘制的电压互感器不同电压的磁滞回线（五个不同电压下的测量数据）。从图 5-27 的最大值曲线和磁滞回线来看，如果将非线性曲线分段线性化，可以将其分成三段，三段线段的拐点大约分别在电压约为 65V 和 75V 处。当电压超过 75V。铁芯将达到深度饱和。电压互感器深度饱和下的曲线基本呈现为一条直线。饱和电感可视为远小于未饱和下电感的一个常数，具有这样的饱和曲线一般很难产生高频谐振。试验也证实了这一点。

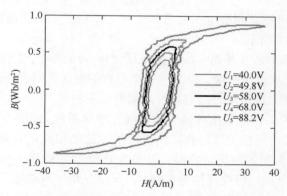

图 5-27　测量得到的二次侧不同电压下的磁滞回线

3. 试验等效电容参数的确定

电压互感器二次侧额定电压 58V 下的电感参数大约为 16.913kH。产生基波谐振，暂态过电压应大于额定电压，若设电压互感器二次侧过电压为 68.1V 时可能产生谐振，此时非线性电感参数为 6.794kH。根据产生基波谐振的条件（$\omega_0 L = 1/\omega_0 C$），谐振等效电容为 1.49nF。表 5-9 为不同电压下的非线性电感参数，表 5-10 为不同过电压下产生基波谐振和分频谐振时，与非线性电感匹配的等效

电容值。根据过电压的范围，可以判断产生基波谐振和分频谐振的电容值的范围。实际谐振下的非线性电感参数可能比 6.794kH 还要小，所对应的基波谐振电容参数比 1.49nF 还要大，为此试验中选择 2nF 作为产生基波谐振的等效母线电容。将 8nF 作为分频谐振的等效电容。

表 5-9　不同电压下的非线性电感参数

U（V）	41.1	50.7	57.7	68.1	75.0	76.2	85.1	90.2	95.2
L（kH）	2.6567	2.3333	1.6913	0.6794	0.2862	0.1456	0.1043	0.0853	0.0708

表 5-10　不同过电压下，产生基波和分频谐振时，与非线性电感匹配的电容值

U（V）	68.1	75.0	78.2	85.1
C_{bas}（nF）	1.49	3.54	6.95	9.71
$C_{1/2}$（nF）	5.96	14.16	27.8	38.84

（三）电压互感器中性点直接接地基波谐振及消谐试验

1. 基波谐振试验一

（1）基波谐振的产生。试验采用了四通道示波器，电容参数为 2nF。试验变压器与三相断路器串联。在三根母线上分别连接等效对地电容和三个相同电压互感器。调节电源电压，使三相母线的相电压为 5.8kV，电压互感器工作在额定电压下。合闸接空母线，测量电压互感器正常工作和产生铁磁谐振下的电压变化。试验电路如图 5-28 所示。

测量 1：三相电压互感器一次侧的电压波形，通过三个相同的串联分压电容并联在 Y 连接的二次绕组两端，取其中一个电容的电压波形进行测量。

测量 2：测量二次绕组开口三角形两端的电压波形。

1）图 5-29 为中性点直接接地三相电压互感器正常工作下的二次绕组侧电压 125.5 个周期波形，三相电压对称，由于采用了三个相同电容分压，取其中一个电容的电压作为测量的波形，实际二次侧电压峰值为所测电压峰值的三倍，约为 75V，对应的一次绕组电压约为 7.5kV。开口三角形两端电压在零的位置稍有波动。

2）合闸接空母线，三相电压互感器经过短暂的过电压后在其中两相（A、B 相）产生铁磁谐振过电压。同时开口三角形绕组两端也出现相似的稳定的过电压。图 5-30 为四通道示波器测量的三相合闸后电压互感器铁磁谐振下，三相二次绕组（Y 连接）和开口三角形电压波形；A、B 两相二次绕组电压峰值达到正常工作下的两倍，C 相电压降低并出现波形畸变；开口三角形绕组两端电压剧变。最大值与谐振状态下 A 相电压的最大值接近。发现铁磁谐振长时间稳定存在。

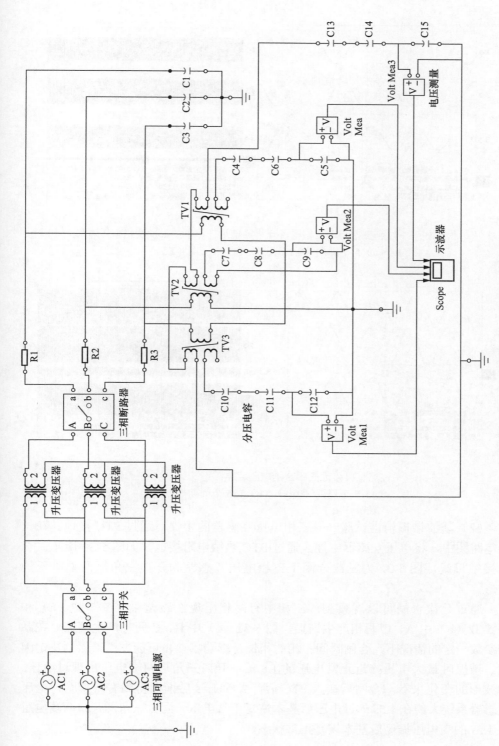

图 5-28 电压互感器中性点直接接地铁磁谐振试验电路

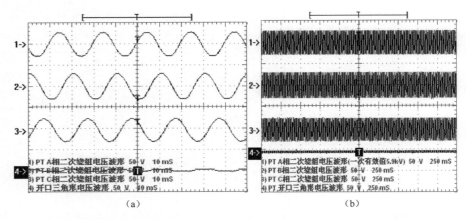

图 5-29　中性点直接接地三相电压互感器正常工作下的二次绕组电压波形

（a）5 个周期（0.1s）；（b）125 个周期（2.5s）

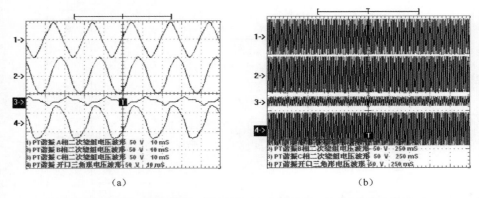

图 5-30　中性点直接接地三相合闸电压互感器谐振的二次绕组电压波形

（a）5 个周期（0.1s）；（b）125 个周期（2.5s）

（2）基波谐振消谐试验——三相电压互感器的中性点通过 PTC 接地。在试验电路图中，将电压互感器中性点通过 PTC 热敏电阻接地，如图 5-31 所示。合闸接空母线，图 5-32 为三次合闸下三相电压互感器和开口三角形两端电压的波形。

通过几次合闸可以观察到，三相中有两相出现铁磁谐振，图 5-32（a）和图 5-32（b）中 A、C 两相产生谐振，图 5-32（c）中 B、C 两相产生谐振。在系统参数一定的情况下，合闸瞬间三相的相位是影响哪一相可能发生谐振的决定因素。谐振时最大电压接近正常电压的 1.8 倍；开口三角形两端电压出现过电压。从波形的变化来看，合闸后接入 PTC 后，大约 1.5s 后谐振得到有效抑制，电压互感器系统大约在 1.5s 的过电压后基本恢复正常电压。同时三角形开口两端电压在 1.5s 的高电压振荡后基本恢复正常状态。

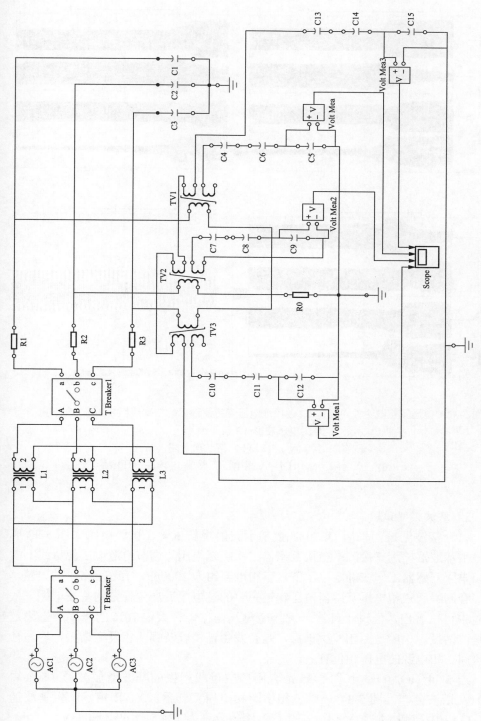

图 5-31 中性点通过 PTC 热敏电阻接地消谐试验电路

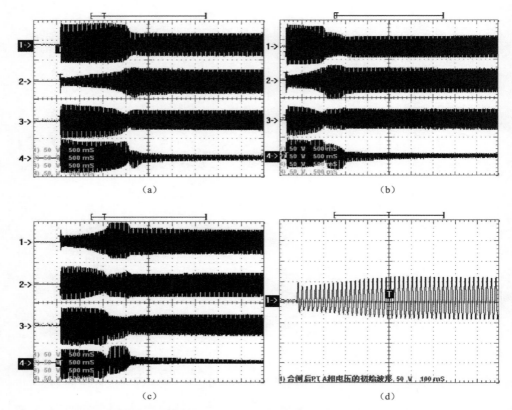

(a)　　　　　　　　　　　　　(b)

(c)　　　　　　　　　　　　　(d)

图 5-32　电压互感器中性点通过 PTC 接地电压互感器谐振的二次绕组（Y 形）和三角形
开口电压波形（3 倍放大）

（a）第一次合闸（5s）；（b）第二次合闸（5s）；
（c）第三次合闸（5s）；（d）A 相电压互感器 1s 内的电压波形

2. 基波谐振试验二

（1）基波谐振。采用 DL708E 数字示波器重新试验，试验电路如图 5-33 所示，用示波器探头直接测量电压互感器二次绕组电压，调节电源电压使母线上的三相电压互感器工作在额定电压下，三相电容约为 2000pF，存在 ±5% 的误差。

合闸瞬间三相电压互感器电压经过短暂的过电压后产生稳定的基波谐振。从试验中可以看出，经过十几次合闸接空母线操作，有大约 70% 的概率产生稳定的基波谐振。一般是两相发生谐振，是否发生谐振以及哪两相发生谐振，均与合闸瞬间三相电源的电压相位有关。

图 5-34（a）、（b）和图 5-35 是合闸接空母线产生的基波谐振波形（5 个周期）及谐波分布。图 5-34（a）三相中两相电压互感器（A、B 相）产生基波谐振，C 相电压减小并畸变。图 5-35（a）峰值分别为 134.5、149V 和 43V。

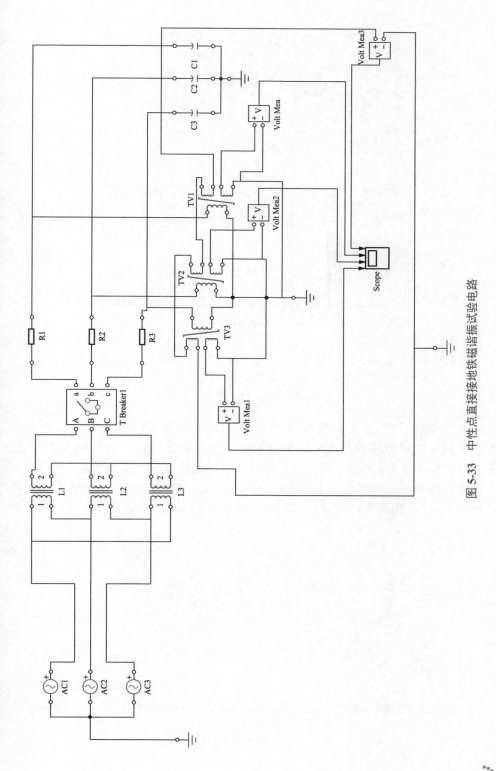

图 5-33　中性点直接接地铁磁谐振试验电路

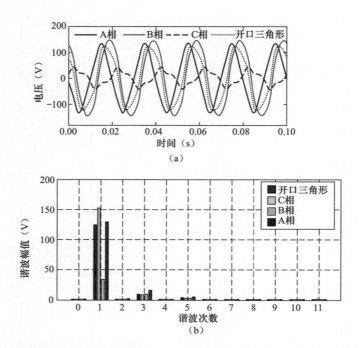

图 5-34　铁磁谐振下三相电压互感器二次绕组和开口三角形两端电压波形（每秒 10000 采样数）

（a）谐振波形；（b）谐波分布

　　A、B 相增加到正常电压峰值的 1.58、1.64，C 相减小到正常电压的 0.51 倍，谐振下三相电压的严重不平衡使开口三角形两端电压峰值达到 124V，接近 A、B 两相的谐振电压。图 5-34（a）三相中两相电压互感器（A、C 相）产生基波谐振，B 相电压减小并畸变。图 5-35（a）峰值分别为 151.2、51.2V 和 132.3V，A、C 相电压峰值增加到正常电压峰值的 1.78、1.57，C 相减小到正常

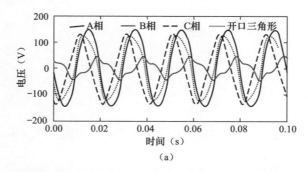

图 5-35　铁磁谐振下三相电压互感器二次绕组和开口三角形两端电压波形（每秒 10000 采样数）（一）

（a）谐振波形

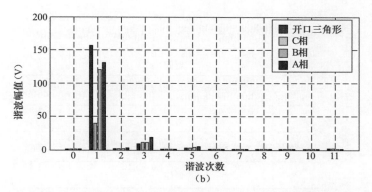

（b）

图 5-35　铁磁谐振下三相电压互感器二次绕组和开口三角形两端电压波形（每秒 10000
采样数）（二）

（b）谐波分布

电压的 0.56 倍，开口三角形两端电压峰值达到 125V。从谐振波形的谐波可以
看出，两相谐振一次谐波增加明显，谐振电压小的一相有一定的畸变（三次谐
波与一次谐波比例较谐振另一相稍高）。未谐振相电压降低并畸变（三次谐波
与一次谐波比例较高）。

（2）基波谐振的消谐过程。将电压互感器中性点经 PTC 接地，图 5-36 为
三次合闸接空母线时三相电压互感器二次绕组和开口三角形两端电压的波形。试
验表明，PTC 对基波谐振的平均消谐时间为 1.56s。三相电压互感器基波谐振消

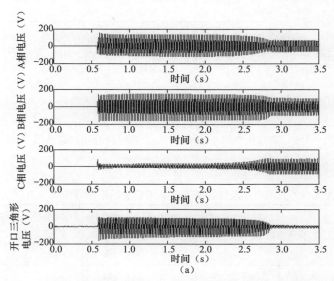

（a）

图 5-36　三相电压互感器中性点经 PTC 电阻接地合闸二次绕组电压和
开口三角形两端电压波形（一）

（a）第一次合闸消谐波形

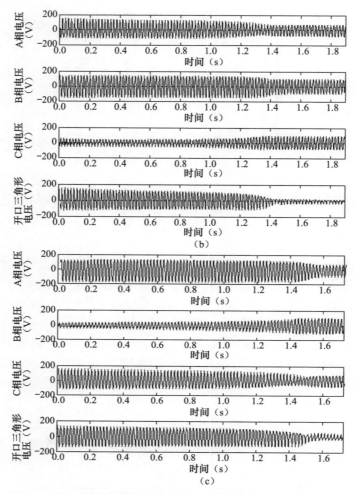

图 5-36　三相电压互感器中性点经 PTC 电阻接地合闸二次绕组电压和
开口三角形两端电压波形（二）
（b）第二次合闸消谐波形；（c）第三次合闸消谐波形

谐前后电压峰值和消谐时间如表 5-11 所示。

表 5-11　三相电压互感器基波谐振消谐前后电压峰值和消谐时间

正常工作下电压峰值			A 相电压（V）	B 相电压（V）	C 相电压（V）	开口三角形电压（V）
			85	90	84	7
中性点直接接地	第一次合闸	谐振峰值（V）	135	148	42.7	125
	第二次合闸	谐振峰值（V）	151	51	132	125
	第三次合闸	谐振峰值（V）	134	149	43	124

正常工作下电压峰值			A相电压（V）	B相电压（V）	C相电压（V）	开口三角形电压（V）
			85	90	84	7
中性点经PTC接地	(a)	谐振峰值（V）	140	133	30	
		消谐时间（s）	1.56			
	(b)	谐振峰值（V）	140	48	160～100	
		消谐时间（s）	1.65			
	(c)	谐振峰值（V）	45	160～100	120	
		消谐时间（s）	1.46			
	(d)	谐振峰值（V）	130	143	31	103
		消谐时间（s）	1.51			
	(e)	谐振峰值（V）	130	140	40	123
		消谐时间（s）	1.42			
	(f)	谐振峰值（V）	140	40	140	120
		消谐时间（s）	1.77			
	(g)	谐振峰值（V）	114	153	50	113
		消谐时间（s）	1.56			

3. 基波试验三

这次试验是在前两次基础上，对 PTC 两端电压和零序电流进行了测量，图 5-37 为中性点直接接地时合闸产生的基波谐振。几次合闸接空母线，基波谐振持续时间在十几秒后基本上自行消失，谐振能量由电路的内部阻尼（如绕组的电阻）所吸收，谐振因为内部阻尼而持续时间不长。

图 5-38 为中性点经 PTC 接地时，测量得到的中性线零序电流、PTC 两端电压、B 相二次绕组和开口三角形两端电压。本次试验相对于前两次试验的参数未发生变化，电压等级相同，几次合闸，基波谐波在 0.4～1s 的时间范围内能很快吸收。PTC 两端电压波形与零序电流波形相似，利用测量的 PTC 电压和零序电流的采样数据，得到 PTC 的暂态电阻基本上仍在 40 多千欧和 80 多千欧之间，平均在 50 多千欧。图 5-39 为计算得到的 PTC 暂态电阻的部分数据，PTC 的电阻在消谐过程中未发现明显的增加。图 5-40 为中性点经 PTC 接地时，再次测量得到的中性线零序电流、PTC 两端电压、B 相二次绕组和开口三角形两端电压。利用电压电流的采样数据计算，三次基波谐振 PTC 消谐吸收的能量分别为 7.437、11.69、10.014J。由于谐振能量不高，零序电流不够大且持续时间不长，PTC 的非线性的热敏电阻特性在短暂的消谐过程中未能充分的显示出来，因此 PTC 的消谐过程应视为大电阻的消谐。

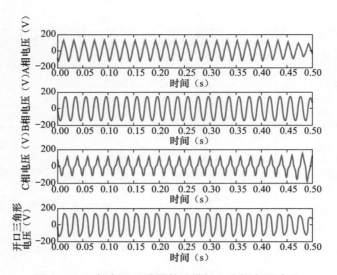

图 5-37　三相电压互感器基波谐振二次侧电压波形

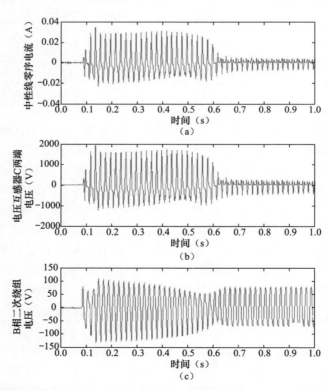

图 5-38　中性点经 PTC 接地时，测量得到的中性线零序电流、 PTC 两端电压波形、 B 相
二次绕组电压和开口三角形两端电压波形（一）
（a）中性线零序电流；（b）电压互感器 C 两端电压；（c）B 相二次绕组电压

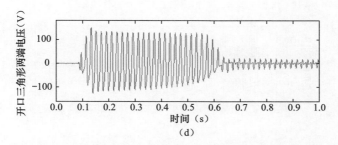

（d）

图 5-38　中性点经 PTC 接地时，测量得到的中性线零序电流、PTC 两端电压波形、B 相二次绕组电压和开口三角形两端电压波形（二）

（d）开口三角形两端电压

$R=[46419\quad 90759\quad 63334\quad 61012\quad 55485\quad 54232\quad 56354\quad 43293\quad 98706$
$70419\quad 59707\quad 60307\quad 57228\quad 53583\quad 55247\quad 48567\quad 51833\quad 47119$
$60478\quad 55279\quad 54999\quad 53917\quad 42996\quad 98548\quad 87239\quad 73687\quad 69551$
$61032\quad 59926\quad 54917\quad 54577\quad 56120\quad 53191\quad 50449\quad 47091\quad 66239$
$58206\quad 55196\quad 56553\quad 54644\quad 46603\quad 88117\quad 88152\quad 71366\quad 66005$
$65849\quad 58936\quad 54420\quad 58971\quad 57132\quad 50881\quad 48374\quad 44980\quad 67523$
$57818\quad 56037\quad 55545\quad 52717\quad 42323\quad 85134\quad 98548\quad 87030\quad 90351$
$69827\quad 70071\quad 5949\quad 57517\quad 92819\quad 75846\quad 75451\quad 72937\quad 57297$
$57518\quad 55910\quad 54329\quad 52799\quad 50972\quad 49115\quad 56978\quad 57818\quad 54179$
$51723\quad 49954\quad 41733\quad 80669\quad 66795\quad 56501\quad 56612\quad 55208\quad 50531$
$56555\quad 74187\quad 76038\quad 66737\quad 63243\quad 63636\quad 57224\quad 56221\quad 52960$
$53762\quad 51278\quad 50721\quad 45185\quad 86245\quad 68159\quad 56672\quad 56331\quad 56571]$

图 5-39　PTC 的暂态电阻

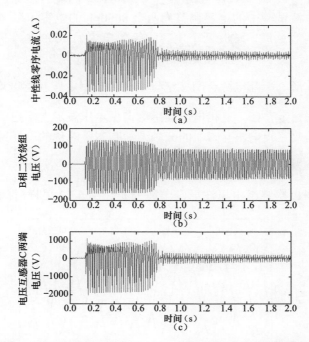

（a）

（b）

（c）

图 5-40　中性点经 PTC 接地时，再次测量得到的中性线零序电流、PTC 两端电压、B 相二次绕组和开口三角形两端电压波形（一）

（a）中性线零序电流；（b）B 相二次绕组电压；（c）电压互感器 C 两端电压

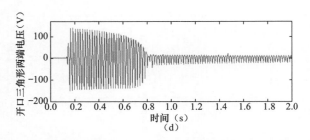

图 5-40 中性点经 PTC 接地时，再次测量得到的中性线零序电流、
PTC 两端电压、B 相二次绕组和开口三角形两端电压波形（二）
（d）开口三角形两端电压

（四）电压互感器的分频谐振及消谐试验

1. 分频谐振试验一

（1）中性点直接接地分频谐振的产生。基波谐振条件为：$\dfrac{1}{\omega_0 c_0}=\omega_0 L$，其中 ω_0 是基波谐振频率，在电感参数 L 一定的情况下，产生分频谐振的频率为 $\omega=\dfrac{\omega_0}{2}$，那么对应的电容参数 $C = 4C_0$。为能产生分频谐振，将电容参数调整为基波谐振的 4 倍，即将基波试验中的电容调整为两个 8000pF 的电容串联（分压）并与同样的两个串联电容并联，这时四个电容的等效电容为 8000pF。三相电压互感器中性点直接接地，图 5-41 为正常运行下三相电压互感器二次绕组（Y）和开口三角形两端电压波形，断开电源合闸接空母线时，三相电压互感器均产生 $\dfrac{1}{2}$ 分频谐振，谐振长时间稳定存在，三相电压互感器谐振电压波形上下摆动，三相最大峰值交替出现，因此三相电压互感器的分频谐振基本是对称的。经过十几次合闸接空母线操作，均发生 $\dfrac{1}{2}$ 分频谐振。图 5-42 和图 5-43 为两次合闸产生的分频谐振三相电压互感器二次绕组电压波形及谐波分布。图 5-42 采样时间为工频五个周

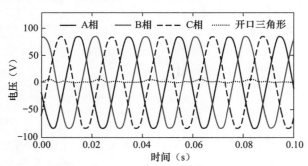

图 5-41 三相电压互感器正常工作下二次绕组和开口三角形两端电压

期 0.1s；图 5-43 采样时间为工频十个周期 0.2s。从两次分频谐振及谐波分布可以看出，电压互感器的分频谐振主要增加了频率为 25Hz 的分频电压，工频电压变化不大，从开口三角形电压的谐波分布也可看出，分频电压远大于工频点压。图 5-44 显示了产生分频谐振的过渡过程，分频能量由基波能量积累后引入。虽然分频谐振的幅值比基波谐振小，但三相同时发生谐振，且由于频率低，使非电感的感抗小，同样会形成大的电流而烧断电压互感器的熔丝。

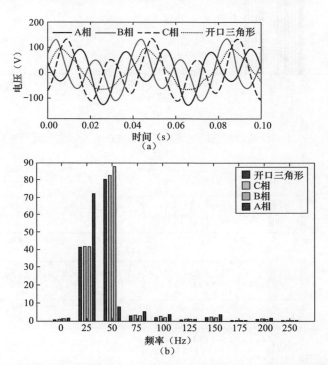

图 5-42　合闸产生的分频谐振三相电压互感器二次绕组电压波形及谐波分布
（a）分频谐振三相电压互感器二次绕组和开口三角形两端电压波形；（b）谐波分布

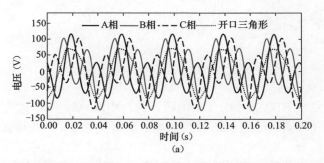

图 5-43　合闸产生的分频谐振三相电压互感器二次绕组电压波形及谐波分布（一）
（a）三相电压互感器分频谐振二次绕组电压波形

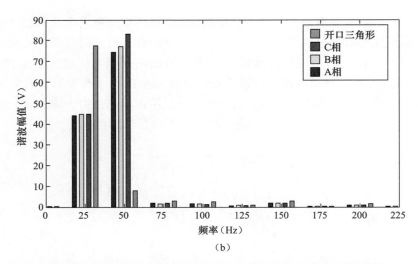

图 5-43　合闸产生的分频谐振三相电压互感器二次绕组电压波形及谐波分布（二）
(b) 谐波分布

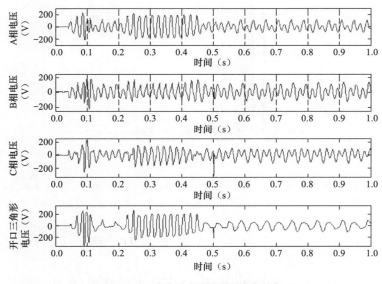

图 5-44　产生分频谐振的过渡过程

（2）中性点经 PTC 接地的分频消谐试验。中性点经 PTC 接地，合闸接空母线，三相电压互感器经过约 0.5s 后的基本正常运行后进入分频谐振，再经过不到 2s 的时间谐振消失。图 5-45 为消谐前的电压互感器二次绕组和开口三角形两端电压波形。图 5-46 为两次合闸的消谐过程。多次合闸接空母线的消谐时间见表 5-12，平均消谐时间为 2.1s。比基波谐振的平均消谐时间要长。

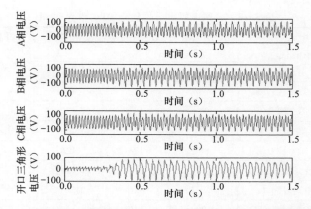

图 5-45　三相电压互感器中性点经 PTC 接地消谐前产生的分频谐振波形

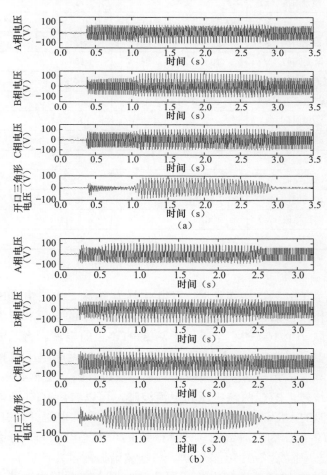

图 5-46　三相电压互感器中性点经 PTC 接地消谐过程电压波形的变化
（a）第一次合闸消谐波形；（b）第二次合闸消谐波形

表 5-12　分频谐振电压峰值与 PTC 消谐时间

正常工作下峰值			A 相电压（V）	B 相电压（V）	C 相电压（V）	开口三角形电压（V）
			83	84	86	6
中性点接地	电压峰值（V）	第 1 次合闸	94	123	116	78
		第 2 次合闸	87	131	120	96
		第 3 次合闸	97	117	129	86
		第 4 次合闸	88	123	126	89
中性点经 PTC 接地	1	谐振峰值（V）	80	128	114	81
		消谐时间（s）	1.52			
	2	谐振峰值（V）	100	110	115	70
		消谐时间（s）	1.73			
	3	谐振峰值（V）	110	107	120～80	90～45
		消谐时间（s）	1.92			
	4	谐振峰值（V）	100	96	100	70
		消谐时间（s）	2.34			
	5	谐振峰值（V）	100	100	120	60
		消谐时间（s）	1.8			
	6	谐振峰值（V）	105	90	110	55
		消谐时间（s）	2.00			
	7	谐振峰值（V）	140～100	115	95	100～53
		消谐时间（s）	2.48			
	8	谐振峰值（V）	106	75	130～110	80～40
		消谐时间（s）	2.96			

2. 分频谐振试验二

在观察记录了分频谐振消谐时，三相电压互感器二次绕组电压波形和开口三角形两端电压波形后，为能观察到 PTC 消谐过程中的电压和电流变化，我们在中性线上串联一个 100 的小电阻用于测量 PTC 上的电流。将示波器探头接至 PTC 两端和小电阻两端分别测量 PTC 消谐过程中 PTC 两端电压和 PTC 所在中性线上的电流。本次试验与基波谐振试验三是同次进行的。图 5-47～图 5-49 为三次合闸接空母线时，PTC 两端电压和电流波形，可以看出 PTC 两端电压波形和电流波形是相似的，应该说 PTC 在短暂的消谐过程中，电阻并未有明显的升高。利用采集的 PTC 电压和电流数据，计算得到 PTC 暂态电阻的部分数据。PTC 在消谐过程中暂态电阻始终在 50 多千欧。与基波谐振测量并计算的 PTC 暂态电阻一致。利用采样的 PTC 电压和电流数据计算发现：PTC 四次消谐过程所吸收的能量分别为 15.070、18.939、15.537、20.298J。这么小的能量还不足以使 PTC 温度升高到电阻迅速增加。从测量的零序电流波形分析，分频谐振的零序电流小于基波谐振的零序电流，且分频谐振的能量大于基波谐振的能量，所以分频谐振的平均消谐时间较基波谐振长。

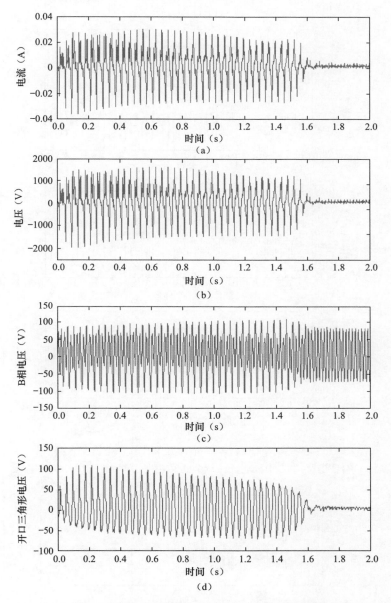

图 5-47　合闸 1PTC 电流、电压和二次侧电压变化图
(a) PTC 电流；(b) PTC 电压；
(c) 正常相电压；(d) 开口三角形电压

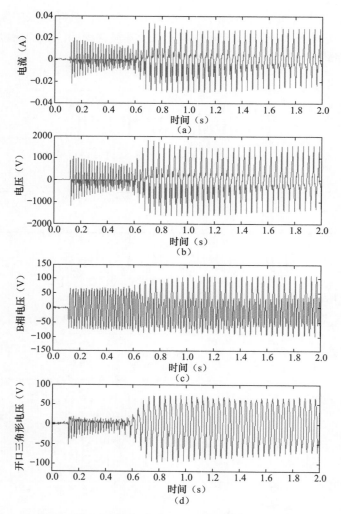

图 5-48 合闸 2PTC 电流、 电压和二次侧电压变化图
（a）PTC 电流；（b）PTC 电压；（c）正常相电压；（d）开口三角形电压

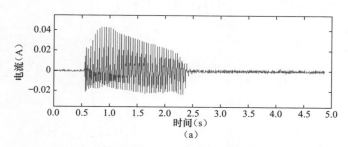

图 5-49 合闸 3PTC 电流、 电压和二次侧电压变化图（一）
（a）PTC 电流

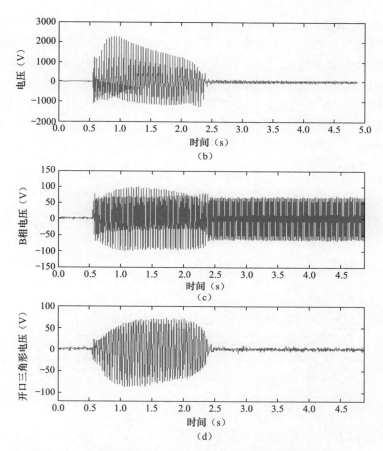

图 5-49　合闸 3PTC 电流、 电压和二次侧电压变化图（二）

（b）PTC 电压；（c）正常相电压；（d）开口三角形电压

电压互感器 C 暂态电阻如图 5-50 所示。

```
R=[61799   55811   56733   53752   55973   60898   51707   52927   58240
   53388   43330   51173   57844   53986   54545   57714   53873   54084
   48267   55058   53757   55540   60852   50303   60680   42413   58452
   54577   57683   56336   53012   54901   59560   48925   53848   57789
   61924   52651   54572   55690   53669   70973   62546   41196   51607
   51851   53893   54764   54038   54785   56061   58535   53298   60250
   52514   58555   53820   53760   65456   56445   74894   44300   70989
   60500   55390   54454   54778   54823   64091   50678   55421   52048
   63300   55307   54616   52788   61808   66513   45762   44662   44359
   43746   51874   56985   52262   54645   53465   51832   56020   54081
   51999   56157   54203   56273   62454   52802   68106   40492   55748
   62588   54786   55615   55515   54464   63682   56309   53749   49023
   62450   52603   55544   56032   63167   59015   48914   43162   51234
   50894   56715   59875   53339   55773   55667   53268   52016   56131
   52666   54896   53797   54242   58232   59016   63443   47388   59092
   61508   55815   51930   57800   56249   67336   56016   55275   46477
   54250   56038   55135   57333   58169   53667   62641   60286   56630]
```

图 5-50　PTC 暂态电阻

（五）补充试验

将电容调整为两个电容的串联，即等效电容为 4000pF，这时在合闸接空母线时，仍然产生分频谐振，图 5-51 为合闸 2s 内的三相电压互感器二次绕组和开口三角形电压波形，图 5-52 为谐波消失过程中的采样波形（零时不是谐振开始时刻）。其中过程可以描述为基波谐振过电压—分频谐振过电压—正常。谐振在持续 12s 左右自行消失。中性点接上 PTC，分频谐振消失大约需要 7 ～ 8s。由于零序电流并不大，因此 PTC 不能很快消谐。

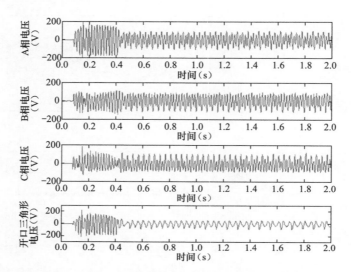

图 5-51　合闸 2s 内的三相电压互感器二次绕组和开口三角形电压波形

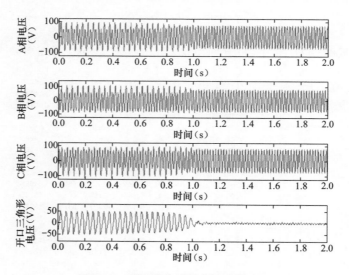

图 5-52　谐波消失过程中的采样波形

[1] 李润先，等. 中压电网系统接地实用技术[M]. 北京：中国电力出版社，2001.

[2] 陈慈萱. 电气工程基础[M]. 北京：中国电力出版社，2004.

[3] 鲁铁成. 电力系统过电压[M]. 北京：中国水利水电出版社，2009.

[4] 王宾，崔鑫. 中性点经消弧线圈接地配电网弧光高阻接地故障非线性建模及故障解析分析[J]. 中国电机工程学报，2021, 41(11): 3864-3873.

[5] 李蒙. 中压配电网故障选线研究[D]. 郑州：郑州大学，2016.

[6] 王鹏，冯光，王晗等. 基于PWM可控变换器的接地残流全补偿控制方法研究[J]. 电力系统保护与控制，2021, 49(18): 110-118.

[7] 韩利群. 10kV各类中性点接地方式运行情况研究[D]. 广州：华南理工大学，2014.

[8] 卢志健. 接地方式对配电网接地故障影响分析[D]. 广州：华南理工大学，2014.

[9] 林凡勤，杨晶晶，孙华忠，等. 基于信号注入法的主从式消弧线圈柔性补偿控制策略[J]. 电力系统及其自动化学报，2022, 34(12): 10-17.

[10] 曾祥君，王媛媛，李健，等. 基于配电网柔性接地控制的故障消弧与馈线保护新原理[J]. 中国电机工程学报，2012, 32(16): 137-143.

[11] 曾祥君，尹项根，张哲，等. 配电网接地故障负序电流分布及接地保护原理研究[J]. 中国电机工程学报，2001(6): 85-90.

[12] 邹密. 计及磁滞效应的变压器低频电磁暂态模型及其在铁磁谐振中的应用[D]. 重庆：重庆大学，2018.

[13] 张志磊，贾洪瑞，刘红文，等. 基于零序电压和电压互感器电流复合检测的铁磁谐振二次消谐仿真研究[J].电瓷避雷器，2020, No.297(05): 183-189. DOI: 10.16188/j.isa.1003-8337.2020.05.030.

[14] 代姚. 配电网铁磁谐振及弧光接地过电压特征识别与抑制方法[D]. 重庆：重庆大学，2010.

[15] 徐坤婷. 智能配电网故障快速识别及处置方法研究[D]. 北京：华北电力大学，2017.

[16] 朱珂. 中性点非有效接地系统单相接地故障选线新方法研究[D]. 济南：山东大学，2007.

[17] 姜博，董新洲，施慎行. 配电网单相接地故障选线典型方法实验研究[J]. 电力自动化设备，2015,35(11): 67-74.

[18] 连鸿波. 谐振接地电网单相接地故障消弧及选线技术一体化研究[D]. 保定：华北电力大学，2006.

[19] 陈柏超，王朋，沈伟伟，等.电磁混合式消弧线圈的全补偿故障消弧原理及其柔性控制策略[J]. 电工技术学报，2015, 30(10): 311-318.

[20] 徐凯. 主动干预型消弧装置选相判据研究及其对故障诊断的影响[D]. 济南：山东大学，2021.

[21] 胡裕峰，杨琴，齐金伟，等. 主动干预装置与消弧线圈并列消弧技术分析[J]. 电力系统及其自动化学报，2020, 32(10): 132-138.

[22] 沈佩琦，李为民，周友东. 10kV户外柱上开关存在的问题及对策[J]. 高压电器，2017, 53(04): 211-214.

[23] 朱飞. 10kV柱上负荷开关装置的现场应用研究[D]. 上海：上海交通大学，2012.

[24] 郭雨豪，薛永端，徐攀，等. 含同母线环路的配电网单相接地故障特征及选线[J]. 电力系统自动化，2019, 43(01): 234-241.

[25] 王志成，宋国兵，常仲学，等. 配电网单相接地故障时的对地参数实时测量和选线方法[J/OL]. 电网技术: 1-10[2023-05-15].

[26] 张明志. 快速真空断路器若干关键技术及其应用研究[D]. 北京：北京交通大学，2019.

[27] 艾绍贵，李秀广，黎炜，等.配电网快速开关型消除弧光接地故障技术研究[J]. 高压电器，2017, 53(03): 178-184.

[28] 周姣. 城市配电网快速开关型消弧技术研究[D]. 武汉：武汉大学，2017.

[29] 杜严行，叶树平，马银环，等.一种快速开关型消弧消谐装置在配电网中的应用[J]. 农村电气化，2020, No.401(10): 64-67.

[30] 唐金锐，尹项根，张哲，等. 配电网故障自动定位技术研究综述[J]. 电力自动化设备，2013, 33(05): 7-13.

[31] 吴旭涛，艾绍贵，樊益平，等. 热敏电阻型一次限流消谐器的研究及应用[J]. 宁夏电力，2008, No.140(06): 35-38.

[32] 陈效杰. 工厂企业电工手册[M]. 北京：水利电力出版社，1991.